深蓝之境：海洋文化的多维解读

刘　昌　著

燕山大学出版社

·秦皇岛·

图书在版编目（CIP）数据

深蓝之境：海洋文化的多维解读 / 刘昌著. —秦皇岛：燕山大学出版社，2024.6
ISBN 978-7-5761-0636-7

Ⅰ. ①深… Ⅱ. ①刘… Ⅲ. ①海洋－文化研究－中国 Ⅳ. ①P7-05

中国国家版本馆 CIP 数据核字（2024）第 028553 号

深蓝之境
——海洋文化的多维解读
SHENLAN ZHI JING
刘 昌 著

出 版 人： 陈 玉
责任编辑： 臧晨露 **策划编辑：** 裴志超
责任印制： 吴 波 **封面设计：** 刘韦希
出版发行： 燕山大学出版社 YANSHAN UNIVERSITY PRESS **电 话：** 0335-8387555
地 址： 河北省秦皇岛市河北大街西段 438 号 **邮政编码：** 066004
印 刷： 涿州市般润文化传播有限公司 **经 销：** 全国新华书店

开 本： 700 mm×1000 mm 1/16 **印 张：** 16.75
版 次： 2024 年 6 月第 1 版 **印 次：** 2024 年 6 月第 1 次印刷
书 号： ISBN 978-7-5761-0636-7 **字 数：** 210 千字
定 价： 68.00 元

前　言

海洋文化并不是一个多么晦涩和神秘的词汇，它只不过是世间众多文化分类中的一项。“文化”就像是一棵大树，有根系，有躯干，有枝蔓，有花苞，也有果实。

就我们最熟悉的中华文化这棵大树来讲，其土壤是中华大地，其根系是中华民族五千多年的文明史，其养分是中华民族由古至今的每一个人，每一个思想，每一个实践，每一块砖，每一片瓦，每一座山川，每一条河流，每一次战争，每一次融合，每一次创伤，每一次兴盛……最终汇集成中华文化这棵参天大树。我们看到的、听到的，学会的、继承的，有意识的和无意识的，都离不开文化的浸润与影响。

海洋文化作为世界文化主体的一个组成部分，承载了人类在与海洋相互作用的过程中所发生的一切，可能是渔猎方式、生活习性，可能是政治制度、经济贸易，可能是身体特征、民族性格，可能是建筑绘画、文学艺术，可能是战争炮火、抵抗妥协，可能是对赤潮的认识，也可能是对厄尔尼诺或拉尼娜的疑惑，抑或是人类对海底宝藏的无尽渴望。

海洋有多大，其文化辐射的范围就有多大；海洋有多深，其文化的内涵便有多深；海洋存在多久，其文脉的时间便有多久。海洋的客观存在产生了事实上的海洋文化，每当人类与海洋发生接触，无论其言语、事件是否被史书记载，是否被后人传颂，都会成为海洋文化的组成部分。

谈及中国海洋文化或海洋文明，总会有人把黑格尔的《历史哲学》中关于描述中国不是海洋国家的论断拿来自卑或自省，抑或执意翻尽典籍予以批驳，抑或拿考古事实抨击其论据。如此，却忽略了探索海洋文化的意义，无意识地被黑格尔设置的认知前提所影响，并形成了魔障与执念。或许那是一种不自信的潜意识在作祟。

15 世纪中叶，欧洲开启了一夜暴富的进程。从黑暗中世纪走出来的葡萄牙率先开启了全球殖民时代，随后西班牙、荷兰、英国、法国、德国、俄国等欧洲列强凭借奴役和掠夺世界财富成为地球上“璀璨的新星”，其制度、文化、军事，甚至言谈举止、衣食住行都成为榜样式的存在。“三人行必有我师”的谦虚文化传承接收到新的讯息，却在图强之路上被坚船利炮鞭挞得体无完肤，“师夷长技以制夷”“新文化运动”甚至“全盘西化”的理念与传统思想相互纠缠厮杀，最终不得不先以西方之术暂解灭种之害。

党的十八大之后，文化自信成为时代主流，开始用中国人的眼睛观察世界、用中国人的思维认知世界、用中国人的哲学解释世界、用中国人的语言表述世界、用中华民族深厚的文化内涵解构并不适应中华大地的西方逻辑，重构中华民族文脉与精气神，这是历史发展的必然，也是 14 亿名中国人的要求。

中国是具有绵长海岸线和悠久海洋生产生活历史的国家，若说在某一历史阶段其科学技术相较别国显有差距是为事实，然以此否认或无视中国海洋大国的历史现实，却有失偏颇，也不符合历史唯物主义的逻辑。

追寻历史往事，验证既有事实，既不好自矜夸亦不妄自菲薄，是中华民族最朴素的求真思想。党的十八大作出了建设海洋强国的重大部署，与海洋相关的学科蓬勃发展。海洋文化作为一项专门的学术概念在我国提出不过三五十年，其内容与构架仍在探索阶段：什么是海洋文化？什么是海洋文明？其中相关名词是否具有标准定义？现有概念是否能够反映普遍规律？海洋文化研究的现实意义有哪些？中国海洋文化与他国海洋文化有何异同？海洋文化与中华传统文化之间是怎样的关系？海洋伦理学、海洋美学、海洋法学、海洋哲学等与海洋文化是怎样的派生与从属关系？……一系列问题都需要逐渐厘清。

本书作为介绍海洋文化的科普读物，旨在通过观察沿海国家或地区因涉海行为而衍生的物质、精神和实践的成果，试图窥探到海洋文化真实的存在，以及其对人类社会产生的影响，并由此启发读者思考人与海洋之间的关系。

目　　录

第一章　海洋文化与海洋文明

海洋文化，仅从其字面意思就可得知是与海洋相关的文化内容、文化形式与文化成果。海洋是客观存在的，我们可以通过观察、触摸甚至科学探索来研究与认知。但是文化是什么？众说纷纭，无明确的定义。若对“文化”没有一个粗略的认识，又何谈“海洋文化”呢？因此我们有必要拿出一个专门的章节厘清文化本身的含义，以便更好地理解和认识海洋文化以及人类与其之间的关系。

第一节　文化的概念与内涵

一、文化的底色

“文化”不是一杯酒，不是山川河流，不是粽子龙舟，不是出生抑或死亡。“文化”是人类认识客观世界的抽象概念。

中国人坐在一起饮酒时，会请德高望重的人居于席间尊位，倒酒时必是首先为尊者斟酒，举杯时必先由众望所归之人先行举杯致词，酒过三巡后方可推杯换盏。当然，席间的倒酒、劝酒、敬酒、祝酒等环节各有说辞，虽烦琐却不累赘，虽复杂却也自然。这些规矩与习惯，是我们中国人历经岁月沉淀而普遍认可的行为方式，顺而为之则氛围融洽，反之便略显尴尬。我们可以把这看作“中华酒文化”之“酒桌文化”。酒桌文化并非中国独有，各国均有自己在酒桌上的集体认知与习惯。彼此之间互有对比，却无高低贵贱之分。由此可见，酒本身不具备文化属性，却因某一地域居民的集体认知或习惯，被赋予了特有的意义和内涵。

“日照香炉生紫烟，遥看瀑布挂前川。飞流直下三千尺，疑是银河落九天。”中国唐代诗人李白的一首七言绝句《望庐山瀑布》寥寥数十字，却将一个景点描绘得有情有景、有意有美，不仅画面感极强，而且给人以无限遐想，成为后代学子必诵之经典。然而，若是将此诗读于埃及或撒哈拉沙漠周边的居民，相信无论你怎样解释，他们也很难与作者有所共鸣。当你与其谈起金字塔的宏伟、法老的逸事或沙漠的辽阔时，却会收到热烈的反馈。由此可见，瀑布、金字塔与沙漠本身并无大小美丑之别，而是审美标准在发挥作用。

“端午节”在中华民族的节庆中可称得上极有分量的传统节日之一了。人们会提前准备食材、练习划龙舟、一起追溯屈原的故事与粽子的由来；男人们赤膀裸臂、挥动船桨，在享受力量与速度的比拼时，奋力加快划桨的频次，为屈原驱赶鱼群。几千年来，端午节从为了纪念一位爱国诗人，演化成为中华民族弘扬正气、崇尚品格的象征，并作为精神图腾传承至今。无论相关典籍是否散佚，无论处于战争时期还是贫苦岁月，无论身在异国或是他乡，这份已经成为中华民族精神基因的情愫都不会丢失或消散。每一个曾经拥有过独立之历史、独立之精神的民族或国家都会沉淀出独属于自己的那份精神基因，这是历史赋予它们的厚重，是先人传承给它们的记忆，是每一个曾经停留在这个世界上的人最不舍的牵挂。

孔子说："未知生，焉知死。"正所谓"一千个人眼中有一千个哈姆雷特"，每个人对这句话都有不同的理解和认识。在我看来，似乎孔夫子也有对死亡的疑惑与恐惧，有着"莫问来生，且看今世"的无奈与逃避。古希腊游吟诗人荷马曾感叹"一个人的生命，一去不复返"，莎士比亚也表达过"人活着终有一死"的类似感慨。

古今中外，人类对于死亡的认识其实已经很透彻了，但更多的是恐惧与不舍。肉体的消亡无法避免，于是人类便尝试从精神世界开辟新的天地，宗教信仰也应运而生。一段时间，人类根据自身需求，主动或被动地参加了对死亡以后新世界的构建，以求抵消对现实的无奈与遗憾。随着生产力的发展，人类对自身的认识越发趋于理性，人文主义逐渐取代神文主义，生而为人的"意义"逐渐得到更广泛的认可，并由此构建起对现实世界的理解与认识，生命的价值观以不同形式被表达出来，进而"意义"超越了"存在"，成为支撑个体和群体不断发展的底层逻辑，并抽象为文化的内核。如此便出现了"人固有一死，或重于泰山，或轻于鸿毛""生命诚可贵，爱情价更高。若为自由故，两者皆可抛""生亦何欢，死亦何苦"等直面死亡、超越死亡的勇气与魄力。由此可见，死亡本身并无文化属性，但经过人类对其深刻的思考，并赋予其抵消死亡恐惧的"意义"，其具有了多维度被解释和接受的空间，进而被内化为个体与群体的精神支撑与力量源泉。

酒、山川河流、粽子龙舟、出生死亡，其本身均不具有文化的属性。人作为认识和思考客观存在的主体，赋予了其与人之间相互作用而衍生出的"价值"或"意义"，并在一定范围内形成集体认知与生活习惯，且不因记录媒介的散佚、先人故去与今人离散而消亡的精神认同，这便是文化底色。

二、文化的概念

文化是一个复杂而广泛的概念，不同时期、不同学科和不同学者对文化有不同的解释。也许通过古今中外知名学者对“文化”的描述，可以勾勒出“文化”定义的最大合集。

梁漱溟（1893—1988）先生是我国近现代著名的哲学家、教育家、思想家和社会活动家，为近现代新儒家的代表人物之一，享有“中国最后一位大儒家”之赞誉。他在 1932 年发表的著作《文化论》中认为：文化是一个民族生活的样法，是人类社会内外的统一。

钱穆（1895—1990）先生是中国近现代历史学家、思想家、教育家，国学大师。他在 1953 年出版的著作《中国文化史导论》中认为：大体文明文化，皆指人类群体生活言。文明偏在外，属物质方面；文化偏在内，属精神方面。所以文化必须由其群体内部精神累积而产生。文化可以产出文明来，文明却不一定能产出文化来。

爱德华·伯内特·泰勒（Edward Burnett Tylor，1832—1917）是英国人类学家，因 1871 年出版著作《原始文化》成为文化人类学创始人。他认为，从广义的民族学意义上来讲，文化或文明是一个复杂的整体，包括知识、信仰、艺术、道德、法律、习俗以及人类作为社会成员获得的任何其他能力和习惯。

当然，除此之外还有文学家、哲学家、社会学家、人类学家、教育学家等诸多领域的很多知名学者，在认识或定义“文化”方面提出了自己的观点。但不可否认的是，文化的产生、发展、凝练与转向，与定义它的人所处的时代环境、受教育背景是息息相关的。

马克思主义哲学世界观认为：世界是不断变化发展的。一切事物都处在永不停息的运动、变化和发展之中，整个世界就是一个无限变化和永恒发展的物质世界，发展是新事物代替旧事物的过程。因此，对于“文化”的定义与理解也应当或必须是不断运动的。

再看看《辞海》是如何定义“文化”的。广义的文化指人类社会的生存方式以及建立在此基础上的价值体系，是人类在社会历史发展过程中所创造的物质财富和精神财富的总和。可分为三个层面：（1）物质文化，指人类在生产生活过程中所创造的服饰、饮食、建筑、交通等各种物质成果及其所体现的意义；（2）制度文化，指人类在交往过程中形成的价值观念、伦理道德、风俗习惯、法律法规等各种规范；（3）精神文化，指人类在自身发展演化过程中形成的思维方式、宗教信仰、审美情趣等各种思想和观念。狭义的文化指人类的精神生产能力和精神创造成果，包括一切社会意识形式：自然科学、技术科学、社会意识形态。

这说明了三个问题，一是“文化”是基于和依附人类活动而产生的精神活动；二是“人”作为具有社会意义的存在，是具有运动性和相对局限性的；三是对于“文化”的理解应当是不断变化且与时俱进的。

或许当代中国学者余秋雨先生对“文化”的定义更为精练。它在著作《中国文化课》中认为：文化，是一种成为习惯的精神价值和生活方式。它的最终成果，是集体人格。

三、文化的类型

在厘清文化定义的过程中，我们会形成一个共识：人是文化的主体。那么围绕人类存在的时间维度、空间维度，以及实践或社会维度便可大致梳理出文化的类型。

从时间维度来看，有原始文化、古代文化、近代文化、现代文化等。若细分，可有中国的河姆渡文化、古代的夏商周文化、唐宋文化等；可有古希腊文化、古罗马文化、古巴比伦文化、古印度文化等。以此类推，其支脉何止千百。

从空间维度来看，有亚洲文化、欧洲文化、美洲文化、非洲文化，或者草原文化、大陆文化、海洋文化等。若细分，可有高山文化、丛林文化、沙漠文化、极地文化等；可有地中海文化、亚美尼亚文化、伊比利亚半岛文化、巴尔干半岛文化、黄河流域文化、长江流域文化、闽南文化、日朝文化等。以此为据，则林林总总难以度量。

从实践或社会维度来看，文化包括但不限于：狩猎文化、石器文化、青铜器文化；行为文化、制度文化、语言文化；工业文化、互联网文化、军事文化、外交文化、文学艺术文化、建筑设计文化；抑或贵族文化、民间文化、士族文化、骑士文化、宗教文化、信仰或风俗文化；亦可有酒文化、茶文化、饮食文化；等等。如此梳理则类别浩如烟海，无所不有。

文化的类型和内容不胜枚举，因此无法将其全部汇总。不同文化之间会有不同的习俗、价值观、传统和惯性，它们之间互有联系、互有因果、互有交叉、互有融合。在全球化的今天，各种文化之间的接触越来越频繁，因此文化融合也越来越普遍，它不仅是人类活动的产物，也是推动人类社会进步和发展的重要力量。

四、文化的载体

文化本身是抽象的世界观，看不见、摸不着。它只有反映在语言文字、文学艺术、建筑设计、宗教民俗、法律制度等人类客观行为或社会实践上，将抽象转化为具象后，才能够被总结、被归纳、被提炼，进而被认识。也只有通过具象的、客观存在的、能够被观察到的中介，我们才能真正认识和理解文化，这个中介就是载体。

近年来，以科幻小说《三体》，影视作品《流浪地球》《战狼》，网络游戏《原神》，互联网产品“WeChat”“TikTok”为代表的中国文化元素商品逐渐走进国际市场，受到海内外人民的热议和追捧。因此，许多外国人对中国文化产生了浓厚兴趣。他们不远万里来到中国，如果只在宾馆睡上几天就回国的话，相信是不会达到来华的目的的。

他们要背上行囊，登上长城触摸2000多年前的条石青砖，聆听秦始皇、孟姜女的传奇故事；走进故宫看看600年帝都的恢宏，感受皇帝的威严与华贵；去泰山体会帝王封禅之豪情；去天府之国品尝特色小吃；转一转农贸市场，感受当地的生活气息；去茶马古道、敦煌石窟体会历史与文化的痕迹；再去北上广深看看当代中国的发展与变化……即便如此，也很难对中华文化知之甚深。然而，只有通过用脚步丈量的距离、吃到的美食、听到的传说、触摸到的实物、感受到的热情，才能体悟到什么是中华文化。这些便是展示中华文化的载体。

举此范例，无非是要说明文化只有被观察到或感受到，才能在人与人之间进行精神层面的交流和传播，脱离了人或缺乏载体的文化是不存在的。

孙正聿先生在《从两极到中介——现代哲学的革命》一文中认为：人作为超越自然的社会存在物，生活于自身所创造的“文化世界”；人作为社会-文化存在物，既被历史文化所占有，又在自己的历史活动中展现新的可能性，因而生活于历史与个人相融合的“意义世界”。这表明，人类不是以自己的自然存在而是以自己的历史活动所创造的社会存在为中介，而构成与世界的对立统一关系。[①]

这段话表达了人类只有通过自身所创造的文化世界，才能够与自然和历史形成统一关系。文化即证明人类存在意义的中介，那么人类所创造出来的精神和物质的客观存在，既可视为文化的载体，也可以称为人类的文化成果。其内容丰富多样，涵盖了几乎所有方面的人类生活和活动。以下是一些常见的文化载体：

（1）语言和文字：各种语言和文字系统是人类最基本的文化成果，它们用于交流和传递信息，是文化传承的重要工具。

（2）文学作品：文学作品包括诗歌、小说、戏剧、散文等，是人类创作的文学艺术作品，反映了人类的情感、思想和价值观。

（3）艺术作品：绘画、雕塑、音乐、舞蹈等艺术作品展示了人类的审美追求和创造力。

（4）宗教和哲学体系：宗教和哲学是人类对宇宙和人生意义的思考，是一种信仰体系，对人类行为和价值观产生重要影响。

（5）科学和技术：科学和技术的发展是人类文化成果的重要组成部分，推动了社会的进步和发展。

（6）社会制度和法律：人类创造了各种社会制度和法律体系，用于组织社会和规范人类行为。

（7）建筑和工程：人类的建筑和工程成就展示了人类对物质世界的改造力和创造力。

（8）传统节日和庆典：各种传统节日和庆典，体现了人类的文化习俗和社会共同体的凝聚力。

（9）历史和文化遗产：人类的历史和文化遗产包括历史文物、古迹、传统技艺等，是文化传承的珍贵财富。

（10）社会习俗和礼仪：各种社会习俗和礼仪反映了不同文化

---

① 孙正聿．从两极到中介：现代哲学的革命 [J]. 哲学研究，1988（8）：3-10.

中的行为规范和社会规则。

这些文化载体（成果）是人类智慧和创造力的结晶，丰富了人类的生活，塑造了不同文化的特色和个性。它们是人类文化多样性的重要组成部分，为人类社会的进步和发展作出了重要贡献。

第二节 文明的概念与内涵

一、文明的概念

迄今为止，文明尚未产生标准的定义。人类学、社会学、历史学、考古学等领域对文明的判断标准依然存有争议。英国学者格林·丹尼尔于 1968 年出版的《最初的文明》一书中列举了三条文明的标准：具有成熟的文字系统，具备一定规模的城市，具有复杂的、完备的礼仪与建筑。在这里，我们并不去考证这三条标准的提出是否出自作者的原创，仅就其内容进行探究。这三条标准显然在判定人类所有已知、富有共识的文明时，不是完全适用。譬如：印加文明曾一度让世界所惊叹，但至今都没有发现文字的痕迹，如此认定印加文明不是文明便有不妥了；城市规模一项的标准也存在争议，城市的判定依据与规模的大小至今尚未有明确标准，依此类比远古文明，显然缺乏说服力；至于复杂的、完备的礼仪与建筑，却是可以作为参考标准的，因为这两项内容至少可以说明在一定范围内，人类已经脱离了蒙昧或野蛮状态，产生了集体意识，明确分工，并具有相当程度的文化与技术传承和创新，这些足以被称为文明了。

因此，可以得出一个初步的结论：文明是人类社会活动的高等表现形式，与原始的狩猎文化、采集文化等行为相比，具有显著的发展维度差异，它受人类文化的滋养，并异化为具有约束认同、价值认同、道德认同、行为认同，且有其独特文化标识的客观存在。文明的产生，往往具备相对悠久的发展历史、稳定的人员结构、不间断的文化传承作为基础，并形成了独立的集体意志，且具有较强的相对独立性。

二、文明的类型

人类社会自形成以来，文明或文化便呈现出多元发展的趋势。文明或文化的形成和发展与生态环境密切相关，各地的生态环境不同，文化也各不相同。直至21世纪的今天，世界各民族的文化依然千姿百态，丰富多彩。不同的生态环境形成不同的文明体系，而各种不同的文明体系又培育造就了性格不同、价值观念各异的民族。

纵观世界文明史，可谓星光璀璨，在时间与空间的共同作用下，呈现出了形态各异的人类文明。归纳是人类认识客观世界的重要工具，很多致力于人类文明研究的学者，试图从宏观角度对文明史进行系统的阐述，以便探索不同文明形态之间的迥异或者联系。

尼古拉·雅科夫列维奇·丹尼列夫斯基（Nikolay Yakovlevich Danilevsky，1822—1885）是俄罗斯文化学家、哲学家、自然科学家。他提出了“文化历史类型”的概念，把世界文明分为10类：埃及；叙利亚、巴比伦、腓尼基、卡尔丹族或古代闪族；中国；印度；伊朗；希伯来；希腊；罗马；新闪族或阿拉伯；日耳曼、罗马或欧罗巴。德国历史学家斯宾格勒（Oswald Spengler）把世界文明分为8个类型：埃及、巴比伦、印度、中国、希腊-罗马、阿拉伯、西方和墨西哥。此外，还有尚未完全形成的俄罗斯文明。英国历史学家汤因比（Arnold Joseph Toynbee）把世界历史上的文明分为21类，其中，直接从原始社会产生的第一代文明有：埃及、苏美尔、米诺斯、古代中国、安第斯、玛雅；从第一代文明派生出来的亲属文明有：赫梯、巴比伦、古代印度、希腊、伊朗、叙利亚、阿拉伯、中国、印度、朝鲜、西方、拜占庭。另外，还有5个中途夭折停滞的文明：波利尼西亚、爱斯基摩、游牧、斯巴达和奥斯曼。美国政治学家亨廷顿（Samuel P. Huntington）把当代世界文明分为8类，即西方文明、中华文明（最初称儒教文明）、伊斯兰文明、俄罗斯文明、日本文明、印度文明、拉丁美洲文明和非洲文明。①

从时间维度来看，有远古文明、现代文明之分。比如：古希腊文明、米诺斯文明、美索不达米亚文明、古印度文明、玛雅文明等，这些都已经消失在历史长河之中。中华文明则凭借其独特的文化传承与民族韧性，成为人类唯一从古至今没有中断的文明，在历经磨难后依然具有强大的生命力，且持续焕发出蓬勃生机。从空间维度来看，有大河文明、海洋文明、沙漠文明、丛林文明、草原文明等；从社会形态角度来看，有国家文明、部落文明、氏族文明等；从人类自身角度来看，有精神文明、物质文明、工业文明、农业文明、信息文明等。

与文化的类型相似，观察和定义文明的角度林林总总，难以一言概之，在此就不再赘述。

三、文明的特征

（一）区域性

文明的产生是人类对自身文化底蕴无意识的突破与有意识的淬

① 何星亮．文明交流互鉴与人类命运共同体建设 [J]. 人民论坛，2019（21）：6-10.

炼，既需要特殊的条件，还要有恰到好处的机遇，故而不同文化孕育出的文明必然有着本质的区别。

公元前 9—公元前 8 世纪，地中海的腓尼基人在今天突尼斯北部沿海地区建立了以航海事业留名青史的迦太基王国，开创了欧洲海洋文明之先河；同一时期的中华大地上，西周王朝已然构建起了影响中国数千年的政治、礼乐、宗法和田地制度，为亚洲大河文明开创了崭新模式；古希腊盲诗人荷马完成了《伊利亚特》和《奥德赛》两部史诗，意味着以城邦为单元的希腊人开启了族群文化融合与集体身份认同；犹太教徒在耶路撒冷建成了第一圣殿，标志着以亚伯拉罕系为代表的一神教正式登上人类历史舞台。

这些在时间维度上同步发生的故事，因地域环境、历史经历的不同，产生了各自的文明走向。

（二）相对独立性

文明是相对独立的，这是由文明形成初期所处的地理环境与生产生活方式决定的。地理环境决定生活生产方式，生产方式决定生产关系与社会分工，生产力决定人类对自然的认识与利用，由此形成了具有鲜明特色的族群特征、文化传统、社会结构、行为方式、表达形式和价值体系。

受文明交流渠道的客观制约，18 世纪之前的文明形态相对独立。虽然亚欧大陆之间的交通网络逐渐成熟，丝绸之路等贸易路线促进了东西方文明的交流和互动，然而彼此之间并不存在颠覆性的接触与融合，因此文明之间仍然存在着相当程度的壁垒。

例如 9 世纪是唐朝的全盛时期，以中央集权为主要特征的政治体制、以科举为选拔官吏的人才制度、以州县制为主体的国家治理模式，以及大一统和多民族融合的社会形态，可谓是古代国家治理的巅峰。彼时，唐朝与欧洲的商业贸易和文化交流甚为频繁，对欧洲文明并非陌生，却没有因为文明的交互而改变欧洲诸国教权至上、君主专制、民族分裂的现状。

随着全球化的演进，不同文明的交流互鉴越发深入，使得文明的相对独立性在客观上呈现出逐渐减弱的表象。但语言、服饰、饮食、建筑、政治体制的趋同，并不意味着文明的内核发生了革命性变革。相反，在进入 21 世纪后，大多数曾经被殖民的国家，探源民族历史、重构民族文化、呼吁文明传承、彰显文明特色的意愿越发强烈，这种趋势反映出文明内核对一个民族自立自强和团结凝聚的重要性，也是现代国家寻求独立自主、保持民族存续的精神支撑。

（三）排他性

在之前我们谈到，文明的产生是人类对自身文化底蕴无意识的突破与有意识的淬炼，而不同文化孕育出的文明必然有着内在的本质区别。因此可以看出，文明可以反映在科学技术、建筑绘画、文学艺术、行为方式等诸多方面，但意识形态或者说价值认同才是文明的内核。

意识形态或价值认同是近代哲学的研究成果，但并不意味着在此之前不存在。它不是人类与生俱来的，而是受思维环境影响后天形成的认知前提，因此具有明显的主观性。

以世界三大宗教（基督教、伊斯兰教、佛教）为例，由于对教义的理解不同，引发了很多大规模战争。宗教之间，基督教对伊斯兰教发动的“十字军东征”，历时近 200 年，至今恩怨未断；印度教与佛教之间的世纪之战损毁了无数珍贵佛经典籍。宗教内部，基督教教派林立、互有间隙，17 世纪爆发了长达 30 年的宗教战争，导致数百万人死亡；伊斯兰教由于对宗教领袖的认同分歧，分裂为逊尼派和什叶派两大派系，并开启了近千年的对抗与冲突。

文明的排他性并非强调战争与冲突，而是文明本身的相对独立性必然会导致其应激性的自我保护与异样排斥。在亚洲，中国清朝是由女真族（满族）建立起来的王朝，成立初期强行要求非满族人剃发留辫，引起民间激烈反抗，其根源便是两种文明在相互融合之前必然要经历的冲突阶段。在美洲，建国不久的美国因蓄奴问题引发南北战争，参战人数达 350 万人，战争造成 75 万名士兵死亡，40 万名士兵伤残。虽然对蓄奴的理解不是引发战争的唯一因素，却反映出美国南北双方的文化差异与价值观差异。在欧洲，打着文明对抗蛮族旗帜的战争随时可见，经济学家、社会学家、政治家均在各自领域归纳了战争规律，然而任何理论都无法忽略文明在对抗期间所发挥的支柱性作用。

历史长河中，如此事例比比皆是，时至今日，以文明为借口的经济制裁、贸易封锁、意识形态渗透、颠覆他国政权，甚至发动战争的情况依然时有发生。

（四）生存的强制性与传承的惯性

古代历史上一直横亘着两条近似平行的文明带，一条是游牧民族文明带，东起西伯利亚，经过中国东北、蒙古、中亚、咸海、里海之北、高加索、南俄罗斯，直到欧洲中部；一条是农耕文明带，包括中国黄河、长江，印度恒河、印度河，西亚、中亚由安纳托利亚至波斯、阿富汗，欧洲由地中海沿岸至波罗的海之南，由不列颠至乌克兰，乃至与亚欧大陆毗连的地中海南岸。在两条平行带形成过程中，气候等自然原因是主要的。因为在文明带分界线以北无法生长出大禾本科植物，也就是我们通常说的粮食作物，但是那里的牧草生长十分旺盛，因此成为绝佳的牧场，也就锻造了游牧文明。相对地，分界线以南由于气候环境适合，先后在大河附近诞生了农耕文明。

自 20 世纪初至今，气候变化导致游牧民族南下入侵中原的论据越发充分，史料记载、年鉴推演、气象学与地理学分析都充分论证了这一观点。事实上，数次游牧民族的大规模南下，确实改变了许多文明的发展轨迹。例如：蒙古利亚人因生存的需要进行了大范围的迁徙活动，其中一部分在约 4 万年前通过白令陆桥进入美洲大陆，另一部分则一路南下穿越东亚腹地直至东南亚诸岛；雅利安人从乌拉尔山脉出发，一路向南进入伊朗、经过新疆，最终进入印度征服原住民达罗毗荼人，彻底改写了古印度文明发展史，同时使伊朗人具有了雅利安人血统。

当然，还有 2、3 世纪大汉与匈奴的战争，霍去病把匈奴赶到西亚，导致西罗马被灭，日耳曼人纷纷建立国家，构成了现在西欧国家的基础，深刻改变了当时世界的文明格局；13 世纪，成吉思汗的铁骑席卷亚欧大陆，建立了人类历史上最庞大的帝国，又一次改变了世界文明的进程。

需要指出的是，以上描述是对游牧文明和农耕文明的一种概括，并不能完全代表所有情况。每个文明都有其独特的历史、文化和价值观，而且不同文明之间可能存在交流和融合，形成多样化的文化现象。在探讨文明之间的差异和联系时，我们需要进行深入的研究和了解，避免简单化和片面化的观点。

四、文化与文明的关系

文化与文明是紧密相关的概念，它们在人类社会中相互作用、相互影响，并共同构成了人类社会的基本组成部分。

文化是指人类社会中的共同观念、信仰、价值观、习俗和传统等非物质性的精神遗产。文化是由人类在长期的历史和社会实践中创造和积累的，它反映了人类社会的认知、信仰和行为方式，是人类社会的精神支柱和认同的重要标志。

文明则是指人类社会在特定历史时期所达到的一定程度的物质和精神文化成就的总和。文明是人类社会发展的阶段性结果，它包括了物质文明（如科技、经济、建筑等）和精神文明（如艺术、宗教、哲学等）。文明是一种高度发展的社会形态，它反映了人类社会的物质和精神生活水平的提高。

文化和文明之间存在着相互促进的关系。首先，文明的发展离不开文化的支持和指导。文明的各个方面都是在特定的文化背景下形成和发展的，文化为文明的产生提供了价值观、伦理准则和社会规范的基础与土壤。其次，文明的进步推动了文化的发展。文明的进步意味着人类在科技、经济、社会组织等方面取得了新的成就，这些成就又反过来影响和改变了人们的观念和生活方式，推动了文化的不断演进。

同时，文化和文明也存在着相互制约的关系。在文明的发展过程中，文化可能会受到文明的影响和压制，一些传统文化可能会因为新的文明成就而逐渐淡化或消失。而一些传统文化也可能参照新的文明价值进行调适，以适应时代的发展。

总体而言，文化和文明是相互依存、相互影响的，它们共同提供了人类社会的历史进程和社会发展的动力。保护和传承优秀的文化传统，同时积极适应和创造新的文明成就，是促进人类社会全面进步和发展的重要路径。

第三节　海洋文化与海洋文明

一、海洋文化

在传统的观念中，海洋文化往往被视为一种狭义的文化形态，仅仅涵盖了海洋中的神话、传说、航海、捕鱼等方面的文化表现形式。然而，随着人类对海洋的认知的逐渐深入，海洋文化的定义和范畴也得到了进一步的扩展和延伸。从广义上来讲，海洋文化包括了海洋地理、海洋生态、海洋科技、海洋经济、海洋艺术等多个领域，其文化表现形式不仅包括了神话、传说、文学、艺术等方面，还包括了文化遗产、海洋教育、海洋科普等方面的内容。

（一）海洋文化的概念

当前海洋文化并没有权威的定义，但这并不意味着它没有被定义的价值。海洋文化作为一个复杂而多元的概念，涉及人类与海洋的广泛关系，从多个角度来考量它的价值是有意义的。以下是几个可以考量海洋文化价值的角度：

（1）跨学科的研究价值。海洋文化涉及历史、地理、人类学、社会学、考古学、文学、艺术等多个学科领域。通过对海洋文化的研究，我们可以了解人类与海洋的长期互动，探索人类文明发展的历史轨迹。

（2）保护和传承价值。海洋文化包含了许多传统的海洋知识、技艺和价值观念，这些对于海洋的保护和可持续利用具有重要意义。通过传承海洋文化，我们可以更好地保护海洋生态环境和资源。

（3）丰富多样性的价值。不同地区和民族拥有不同的海洋文化，它们的丰富多样性为人类文明增色添彩。通过了解和尊重不同的海洋文化，可以促进跨文化交流和理解。

（4）激发创新的价值。海洋文化中蕴含着许多关于海洋的传统智慧和经验，这些可以为现代科技发展和创新提供灵感和启示。对海洋文化的研究和利用，有助于推动海洋科技和产业的发展。

（5）人类精神追求的价值。海洋文化中包含着人类对大海的敬畏、探索和追求自由的精神。这种精神价值对于人类社会的进步和发展有着积极的影响。

海洋文化作为宏观文化中的一个部分，包含了人类对海洋的认知、探索、开发、利用、保护等方面的思想、价值、信仰、习俗、艺术等元素。它不仅涉及人类与海洋的物质交流，更关乎人类对海洋的感性认识和理性思考，是人类在长期与海洋的互动中形成的一种独特的文化现象。海洋文化是人类对海洋的认知和表达，同时也是对自身文化的延续和发展。可以说，海洋文化是人类与海洋互动所衍生出的精神、物质与实践成果的总和。

（二）海洋文化的特性

从空间维度观察，大河文化、草原文化和海洋文化基本构成了人类文化系统的主干，全球叙事均与这三个方向有着千丝万缕的联系。海洋文化仅从字面上来看，就不难发现其有异于其他文化的特征，其特指的是“海洋”这样一个物理空间，在此空间内发生的人类活动或产生的实践成果都可以被认为是“海洋文化”的一部分。因此，“海洋文化”的特性一定是围绕着海洋展开和界定的。

（1）海洋属性。海洋文化以海洋为主要属性，它表现为对海洋的认知、尊崇和依赖。海洋是人类生存和发展的重要资源，海洋文化围绕着对海洋的探索、利用、保护和崇敬展开。海洋意识包括人们对海洋的感知和理解，海洋信仰是人们对海洋神秘力量的崇拜和信仰，海洋价值是人们认识到的海洋对人类文明和生态系统的重要价值。

海洋文化的形成与海洋历史发展进程紧密相连，包括人类对海洋的探索和征服、海洋贸易与交流、海洋冒险和海战等，这些历史事件和活动都对海洋文化的形成和演变产生了深远影响。海洋文化包括沿海地区和岛屿地区独特的文化传统，渔民文化、海洋神话传说、海上婚俗等都是海洋文化的重要组成部分，并通过代代相传，形成了独特的海洋文化现象。在艺术和文学方面，海洋文化有着丰富的表现形式，如海洋画作、海洋诗歌、海洋音乐等都是表达海洋情感和赞扬海洋精神的重要载体。在典型的海洋文化中，强调对海洋资源的依赖、应用、开发以及保护，其生产工具与生产关系与陆地文化有着显著的差异，海上生活相对独立、活动空间相对狭小，船员依存关系较之陆地上更具有依赖性强、规则性强、界限感强等特点。

（2）开放性。这是对应大河文明（陆地文明）而言的。陆地的活动受生活方式、交通工具、意识形态、地理环境、国家制度、货币汇率、战争动荡等多重影响，相对于广袤的海洋而言，大河文明更趋向稳固现有生产关系、保护好已有生产资料，于是便呈现出相对保守、偏爱稳定的民族性格。

沿海民族的生活空间确实是基于海洋活动而保持和存在的。海洋为他们提供了丰富的资源，如鱼类、贝类和其他海洋生物，这些都是他们的主要食物来源。此外，海洋也是他们进行贸易和交流的重要通道。他们通过航海技术，可以到达远离海岸线的地方，与其他文化和社区进行交流。因此，海洋活动在很大程度上塑造了他们的生活方式和文化传统。海洋的广阔和神秘性激发了他们的探索精神和冒险精神。他们不仅在物质层面上探索海洋，寻找新的渔场和航线；而且在精神层面上，对海洋的敬畏和向往也深深地影响了他们的思维方式和价值观。这种开放和探索的精神是他们文化的重要特征，也是他们能够在海洋环境中生存和发展的重要因素。

不可否认，贸易活动是目前海洋极为重要的一项功能。不同地区、不同人种、不同文化背景的人们通过海上贸易获得了较之陆地上的人们更为广泛的知识与视野，新的事物与观点不仅满足了人类最原始的好奇心，也使其具备了乐于接受新鲜事物和观点的精神特征，有益于打破农耕文化固有的束缚与观念，酝酿出新的观点与做法。

（3）多样性。由于海洋文化是在不同民族、地域、历史阶段和文化背景下形成的，因此在形态、符号、价值观等方面呈现出多样性。不同的文化对海洋的认识、利用和保护方式各不相同，这也为海洋文化的研究提供了广泛的视角和研究对象。

海洋文化在形态上具有多样性。不同地区的海洋文化可能呈现出不同的形态，包括文化艺术、传统节日、习俗、风俗等。例如，一些沿海地区的海洋文化可能更加注重航海技术和渔业活动，而岛屿地区的海洋文化可能更强调与海洋相关的信仰和精神。

海洋文化在符号上具有多样性。海洋文化中的符号和象征也因地域和文化差异而各异。例如，海洋中的动植物、海浪、船只等都可能成为海洋文化中的重要符号，但其象征意义和文化内涵可能在不同地区有所不同。

海洋文化在价值观上具有多样性。不同地区的人们对海洋的认识和价值判断也会有所不同。一些地区的海洋文化可能更加强调对海洋资源的保护和可持续利用，而另一些地区的海洋文化可能更注重对海洋资源的即时开发和利用。

海洋文化在传承上具有多样性。海洋文化在不同地区和历史阶段的传承方式也各有特色。有些地区的海洋文化可能通过口头传承和民间传统传承下来，而有些地区可能会有更为完善的海洋文化保护和传承机制。

海洋文化的多样性使得研究海洋文化变得更加丰富和有趣。研究人们在不同历史背景下对海洋的认知和利用方式，探究海洋文化中的各种符号和象征的含义，以及了解不同文化背景下的海洋价值观，都有助于更全面地理解海洋文化的本质和多样性。同时，也为保护和传承海洋文化提供了更多的启示和可能性。

（4）综合性。海洋文化是一门具有综合特征的学科，它是自然科学与社会科学相互渗透、相互印证、相互交叉的立体性学科，其研究内容覆盖了社会学、人类学、历史学、地理学、天文学、气象学、航海学、考古学、语言学、宗教学、政治学、经济学、物理学、国际关系学等诸多学科。研究海洋文化还要具有历史唯物观与辩证思想，能够在纷杂的史料与孤立的物证面前分析、推导出更加翔实和丰富的信息。因此，海洋文化具有高度的综合性特征。

二、海洋文明

（一）海洋文明的概念

通过对文化与文明的分析研究，基于对文明概念的理解，尝试对海洋文明进行定义：海洋文明是对人类基于海洋活动所创造出的精神、物质与实践成果的表达，是理论化与系统化的抽象概念。包括从海洋中获取食物和资源的经济活动，如渔业、海洋运输、海洋能源等，与海洋有关的宗教、哲学、文学、艺术、音乐等文化活动，以及海洋科学、海洋法律等方面的知识。同时，海洋文明也反映了人类对海洋的态度和认识，包括对海洋生态系统的保护、对海洋资源的合理利用和管理、对海洋文化多样性和人类共同利益的重视等。

（二）海洋文明的特性

作为人类文明的组成部分，海洋文明既有人类文明的共性，也有明显区别于其他文明的特征。海洋文明特性的重点不在于其理论层面的若干要素，而是我们将“海洋”作为了观察和归纳的前提。因此，在分析某一个体文明的特征时，均可以采用以下逻辑框架，不同的仅是预设前提的差异。

（1）历史性。文明是人类社会活动的高等表现形式，是基于悠久历史的蕴养，在广义文化的基础上，异化出的具有独特标识的概念表述。其中，时间维度是第一要素。

沿海居民依海而生，是一件不需要高深理论、严密推理去研究的事情，这是本能而自然的行为。一个人捕鱼，一个渔村捕鱼，所有沿海地域的人都捕鱼，以时间片段来解释，可以称之为：在沿海地区发生了集体捕鱼的现象；如果把时间维度放宽至 10 ～ 50 年，就会被描述为：沿海地区渔民都有下海捕鱼的习惯；若是把时间维度扩展至 100 多年，就会被描述为：下海捕鱼是沿海居民的生活习俗与文化传统；再把时间维度推至 500 年以上，若沿海渔民依然在从事捕鱼活动，这种行为和习惯就会被称为“渔猎文明”，同时为了与其他沿海地区同样悠久的捕鱼习惯进行区分，就会精确地表述为“地域名称 + 渔猎文明”。

（2）无意识性。中国有句古诗，“不识庐山真面目，只缘身在此山中”，讲的是苏轼游览庐山，人在山中却难以描绘庐山之全景。这与渔民有异曲同工之处。

渔民捕鱼，只为补充伙食或用于商品交换，其目标最终归结于提高生活质量，或许终其一生，也没有思考过自己的行为是否正在创造历史。忽有一日，捕鱼途中衣衫不慎落水，捞起之时，却发现三两只鱼蟹置之其中，于是灵光乍现，此后用破衣捕鱼，较之徒手捕鱼收获甚多。此方法日益传播，全村乃至周边地区都在使用。人民的智慧是无限的，一旦开拓思路，就会越发精深。随后各式渔具相继出现，生产力直线提升。渔民的快乐是建立在直接收入提高的基础上，而其无意识的举动有可能推动了社会的进步。

（3）创新性。创新使人类进步。由生活习惯上升到行为文化，直至形成文明，都依赖于人类在某一领域的不断突破与创新，并使之发展成为有意识的主动变革。

渔具的产生提高了生产力，也打开了渔民开发更多捕鱼方式的思路。于是捕鱼工具逐渐丰富，出现了渔网、渔篓、渔叉、渔竿，捕鱼地点由岸边浅海逐渐过渡到近海、深海，所乘船只由木舟发展至渔船。生产力的提高带动了周边产业，渔获不仅作为食物和交换物，还被做成鱼干、鱼酱、鱼油、鱼皮等深加工产品以获取更高利润；满足本地需求后还可以开展对外贸易。于是，捕鱼行为已经超越捕鱼的初衷了，当捕鱼的目的变更为不再仅仅从事简单的捕鱼活动以后，其行为和心理已经参与社会变革了。这就是创新驱动。

（4）前提预设性。判断海洋文明的步骤之首，是以海洋为前提对其进行全方位观察。沿海区域群体捕鱼行为历经岁月沉淀，已然发展成为具有一定特色的人类活动。后人对这种现象进行观察时，必定会预设一个前提。可以包括：捕鱼行为本身、食用渔获的方法、捕鱼过程中对自然环境与规律的认识、鱼作为商品进行价值转化的全过程，等等。观察前提决定观察重点，论点的设定与论据的整理必将为前提服务。因此，捕鱼的行为可以分离出饮食文化、贸易文化、海洋文化、渔猎文化等方向，依次便可推导出饮食文明、商业文明、海洋文明或渔猎文明的枝蔓。

（5）理论性。海洋文明是用理论对人类开展涉海活动的现象进行高度概括的表述。人类在长期与海洋进行交互的过程中，无意识地形成了对于海洋的依赖与想象，进而用理论工具对其精神世界和物质外延开展了有意识的高度概括，并用具象尺度与逻辑语言将其表述为海洋文明。它是人类在不同历史时期、不同地域、不同文化背景下，对于认识、利用、解释与海洋相关问题的理论表述，是对已知现象的抽象和概括，具有高度的普遍性、系统性。

第二章　中西海洋文化探源

第一节　中国古代海洋文化

中国是享誉世界的文明古国，其悠久的历史与灿烂的文化令人赞叹。瓷器、丝绸、茶叶等物品已然成为中国符号化的代表，广袤的国土、巍峨的长城、恢宏的故宫留给了世人深刻的印象。众人皆知我国拥有约 960 万平方千米的国土面积，却鲜有人知晓我国还有 473 万平方千米的海疆，其中 300 万平方千米为中国领海。

中国地处欧亚大陆，具有 1.8 万千米的大陆海岸线和近 7600 个岛屿。自秦始皇统一中国，东北至辽东、南至两广及越南北部、东南至东海和台湾海峡等海域便属其所辖，由此奠定了中国传统的海疆范围。2000 多年来，中国疆域不断变化，然其海域除 1860 年《中俄北京条约》丢失乌苏里江以东包括海参崴和库页岛在内的 40 万平方千米外，几无所失。

截至 2022 年，中国共有 34 个省级行政区。其中，14 个省级行政区为沿海地域，包括：辽宁、河北、天津、山东、江苏、上海、浙江、福建、台湾、广东、澳门、香港、广西和海南。同时还有 13 个省份为黄河流域和长江流域的内陆省。如此广泛的涉水涉海面积，如何会说中国不是海洋国家？中国没有海洋文化？中国不是海洋大国呢？

寻其根源，可追溯到19世纪德国哲学家黑格尔那本《历史哲学》[①]的著作。黑格尔作为世界近代哲学大家可谓极负盛名，其观点不免被奉为圭臬。黑格尔在书中认为地理上的差别与思想本质上的差别具有一致性，并以地理特征为依据将地球划分为“干燥的高地、平原流域、河海相连的海岸区域”三种类型，而中国是不与海洋发生积极关系的国家。

黑格尔一生从未踏上中国土地，却在《历史哲学》一书中表述中国与海洋不存在积极关系，实在失之偏颇。然而在近代，因西方学术思想主导世界近200年，此言论却成了国内外否定中国海洋性的依据与圣经。中国没有海洋应用史，没有产生（以西方为标准的）海洋文化，缺乏海洋意识的观点也由此而来。

“一方水土养一方人”这句中国谚语可能要在很多章节中出现，然而这句话却是中华民族传统文化最典型、最写实的思想之一。既有实事求是的客观态度，也有超越历史局限的辩证唯物主义精神，充分体现出中华民族由来已久的尊重个性、崇尚多元的世界观。

海洋文化是基于人类在涉海活动时所衍生出的精神、物质和实践成果的总和，是人从事或参与涉海活动自然而然所生发的客观存在，其价值不能以高低贵贱的标准粗暴划分，而应跳出等级与阶级的思维藩篱，站在“人”的角度进行观察和总结。仅仅把海上贸易是否发达、渔业活动是否繁荣、舟船舰艇技术是否领先、国家经济水平高低作为衡量海洋文化存在与否的依据，其本身就是狭隘的、片面的、主观的，用中国成语管中窥豹、盲人摸象、一概而论、以偏概全等词语来形容，却是再形象不过了。

---

① 此书的内容原是黑格尔在柏林大学的演讲稿件，后经其学生爱德华·干斯整理出版。

“这种超越土地限制、渡过大海的活动，是亚细亚洲各国所没有的，就算他们有更多壮丽的政治建筑，就算他们自己也是以海为界——像中国便是一个例子。在他们看来，海只是陆地的中断，陆地的天限；他们和海不发生积极的关系。”这是黑格尔在《历史哲学》书中的原文表述，虽然是近代翻译版本，但相信其表达的意思是准确的。

显然，黑格尔并没有亲自走访过中国沿海城市，甚至都没有拿出专门时间翻阅或了解一下中国书籍，或许是19世纪的德国还没有中国书籍的译本，抑或是他没有与中国学者有过对话。否则他就会了解到，中华大地自文明初始，便与海有着天然的联系。《史记·齐太公世家》中记载：“大公至国……便鱼盐之利，而人民多归齐，齐为大国。”齐太公早在公元前11世纪便已经通过发展渔业和海盐业来改善本国的经济状况了。若中国人不知海，何来鱼盐之利？渔获与制盐均为中国古代沿海居民生活中的常见生态，“利”则反映了经济与贸易活动。如果这部书籍略显古老，那么海上丝绸之路所承载的瓷器、茶叶在欧洲家喻户晓，郑和下西洋世人皆知，忽略这些元素实属思虑不周。因此，黑格尔所谓中国与海洋“不发生积极关系”的论断确实具有局限性。

中国海洋文化历史与中华文明同根同种。秦始皇统一中国后，中原与沿海地区经济互通、人员互动、文化互鉴，呈现出中华文化文脉主干与各地域文化支流共同繁荣的景象，也构成了中国海洋文化的丰富性与多样态。与世界海洋文化相较，中国海洋文化具有悠久清晰的历史脉络，丰富多彩的地域风情，与中原文明始终统一的文化内核等特征。

从历史上来看，在北京周口店山顶洞人遗址中，考古人员发现了山顶洞人使用过的青鱼骨和贝壳，由此可以推断，早在距今2.7

万年前左右至3.4万年左右的山顶洞人就以不同形式与海洋产生了联系。

贝在上古时期，是人们喜爱的装饰品，只有部落首领或帝王贵族才能拥有。随着原始商品交换的出现，贝壳作为稀缺物品曾一度充当了货币的角色。根据考古发现和文献记载，在中国，最晚从3000多年前的商代开始，海贝就被当作货币大量使用了。西周中期，金属币逐渐流行，贝币逐渐衰落。秦始皇时期禁止用贝作为货币，结束了贝作为货币的历史。因此在中华文化中，与钱财相关的汉字多使用贝作为偏旁部首。如：買（买）、賣（卖）、赏、赐、财、贩、货等等。

进入春秋战国时期，可证史料增多，其中反映这一时期燕国、齐国、吴国和越国等沿海居民生产生活的内容越发丰富。据《史记》记载，齐国在姜太公治国期间，就已经制定了“通商工之业，便鱼盐之利”的国策。到齐桓公时，管仲更注重经济，“通轻重之权，檄山海之业”。他们两人制定的国策都很重视海洋。齐国临近东海，以渔业和海盐业作为主要的致富手段，因此要论春秋战国时期的富国，齐国是排在首位的。

百越文化，是远古时代中国长江以南沿海一带的古越人独特的文化，为中国海洋文化中的一颗明珠。虽然在如今已经找不到一个叫作“越”的族群，不过，百越文化事实上却透过种种不同的方式，在很多不同民族的文化里面留下了种种痕迹。先秦时期的古籍对长江以南沿海一带的部族，常统称为“越”，文献上称之为“百越”或“诸越”，如“吴越”（苏南浙北一带）、“闽越”（福建一带）、“扬越”（江西湖南一带）、“南越”（广东一带）、“西瓯”（广西一带）、“雒越”（越南北部和广西南部一带）等。

百越地区的居民依托海洋开展渔业、海洋贸易和海上运输等经济活动，发展出独具特色的海洋经济模式，是早期中国海洋贸易中的主要参与者之一。他们以木舟、竹筏等传统船只出海，进行远洋贸易和海上探险，与南海周边地区和东南亚、印度等地的商人进行贸易往来，也曾到达过阿拉伯半岛和非洲东海岸等地。

随着百越居民对海洋的认识越发深入，其造船技术与航海技能越来越高超。百越人通常采用南方常见的桐木、榆木、松木等木材，这些木材有着质地坚硬、重量轻、不易腐烂等特点，可以保证船只的强度和使用寿命；采用榫卯结构将船板和船架紧密连接，使船体更加坚固，增加船只的稳定性和承载能力；百越人也很善于利用船帆，他们采用三角形的帆布，这种帆布可以更好地抵御海风，同时也可以提高船只的速度。

百越商人在海上活动中积累了大量的经验，掌握了航海技术、海洋气象、潮汐变化等知识，具有海洋意识和海上冒险精神。通过海上贸易为中原地区带去了许多珍稀的物品，如珍珠、贝壳、黄金、铜、锡等，同时也把中原地区的物品和文化带到了海外。

《尚书》最早记载了中国人的海洋观念，所谓“皇天眷命，奄有四海，为天下君”“四海之内，咸仰朕德，时乃风”。古人对东西南北四海都有具体的认识。根据中国的地理位置，书中记载的东海和南海与今天的水域所指大致是吻合的。

在史书与文献中，四处可见中国早期对海洋的认识与实践活动，秦始皇命徐福海外求仙、吴齐黄海海战、燕齐两国开辟的两条对日航线、鉴真东渡传法、法显和尚西行天竺求法、唐朝与日本的白江口之战、宋金唐岛海战、宋元崖山海战、海上丝绸之路等记载，充分印证了中国古代海洋文化的丰富与繁荣。

从海域范围来看。中国自古以来便有“四海”之说，其中东海大致对应现代的东海和黄海部分，南海对应现代的南海以及周边海域，北海一般认为是渤海与黄海部分海域，西海则是对应现代的里海或青海湖。以现代行政区域概述，中国古代沿海地区与现在 14 个沿海省（自治区、直辖市）高度重合，纵向跨越多个纬度和气候带，横向与不同民族相交相融。因此，虽皆为沿海族群，但在衣食住行、言谈举止、生产生活等诸多方面均各有异彩，这是世界上任何沿海国家所不具备的天然的地理环境所造成的。

尤其值得注意的是，自秦始皇统一中国开始，书同文、车同轨等举措为后世在地理、制度、文化、情感等多维度融合，以及形成真正意义上的中华民族奠定了基础。自此后数千年，中华大地虽有纷争战乱，但家国天下之情怀厚植人心。历朝历代无论帝王将相、王侯士族，抑或贩夫走卒、平民百姓，始终追求着中华民族的统一与完整。在此背景之下，中华文化的内核逐渐渗透到人们生活的方方面面，辐射到每一个族群、每一片土地。无论你是生活在中原王城、巴蜀古地、草原河套、深山茂林，还是冰雪北国、烟雨南国，抑或是临水而居、海角天涯，只要是中华文明所及之处，便不能脱离其影响。沿海民族归根到底还是生活在陆地之上，虽有“疍民”却也不能完全脱离与陆地的交流。因此中国海洋文化的内涵是多维度的存在，既有涉海民族的特质，又有中华民族文化的底色；既有搏击风浪的勇武，亦有游子恋家的柔情；既可掌舵率万人游弋四海，也能秉持怀柔天下之胸襟不扰近邻。

第二节　欧洲古代海洋文化

若以海洋的视角回顾人类早期文明，在欧洲地中海沿岸曾出现过海洋文明的小高峰，虽然他们已经淹没于历史长河之中，但其留下的文化遗产同样熠熠生辉。

地中海是连接欧洲、亚洲和非洲三大洲的一片内海，其沿岸包括现在的西班牙、法国、意大利、克罗地亚、希腊、土耳其、叙利亚、黎巴嫩、以色列、埃及、突尼斯、阿尔及利亚和摩洛哥等国家。

地中海沿岸的国家在历史上曾经建立了众多的古代文明，如希腊、罗马、埃及、迦太基等。由于特殊的地缘位置，地中海一度成为世界上最重要的海洋之一。在古代，地中海贸易繁荣，是东西方交通的重要通道。东方的香料、丝绸等奢侈品通过此地抵达欧洲，而欧洲的黄金、银器、酒类等货物则通过地中海送往东方。地中海也是罗马帝国的核心地带，罗马人通过地中海贸易获取了大量的财富和资源，为罗马帝国的繁荣和发展奠定了基础，甚至对全球的政治和文化格局产生了深远的影响。

一、米诺斯

如果说西方海洋文明绕不开地中海，那么克里特岛的米诺斯文明可以说是西方海洋文明的发祥地或西方文明的源头。

克里特岛位于地中海东部的中间，总面积约 8336 平方千米，是整个地中海第五大岛屿。在《荷马史诗》中有关于克里特岛的描述："在深蓝色的海上，有一块叫作克里特的土地……有 90 座城镇，最大的城是克诺索斯，米诺斯国王就在那里临朝统治了 9 年。"米诺斯文明约在公元前 3500 年开始，复杂的城市文明约公元前 2000 年开始，约公元前 1450 年开始衰落，是地中海地区最早的高度文明之一。在公元前 4000 年左右，克里特岛上已经有了土著居民，他们在这个岛上种植一些农作物，但岛上的地并不利于大规模发展农业，虽然他们也发明了复杂的灌溉系统和较为实用的农业工具。[①]

当地居民在海岸线和河流附近建立了城镇和港口，开展贸易活动，事实证明其繁荣和发展与克里特岛的地理位置、港口的作用有着密不可分的关系。米诺斯人依靠克里特岛良好的自然环境和地理位置，将克里特岛打造成了一个繁荣的商业中心，并逐渐发展成为地中海世界的早期霸主。

海洋经济的本质特征要求米诺斯必须加强与外界的沟通与交流，并在贸易行为中处于主导地位。其强有力的中央政权为欧洲社会的君主制作出了示范，行政、立法、财政以及城市治理等制度为欧洲社会职能提供了范式，绘画艺术、建筑风格为整个欧洲艺术风格奠定了基调。尤为重要的是，为了确保贸易安全与航路顺畅，其重视海军与法理扩张的做法奠定了早期欧洲世界的海洋霸权思维。

米诺斯的贸易观念、城市制度、艺术风格、族群意识便跟随着经济贸易与文化交流辐射到地中海周围，在潜移默化中塑造着早期欧洲人的集体性格。

公元前 4 世纪，古希腊历史学家修昔底德在《伯罗奔尼撒战争史》中揭示了米诺斯对海军重视的理由：起初是为了保护本国海上贸易与商船的安全，因为繁荣的海上贸易为海盗提供了绝佳的土壤，海军的壮大使米诺斯商队得以在欧洲、非洲与亚洲之间的海上贸易顺利开展。在驱逐海盗的同时，海军一并占领了他们所在的岸上基地，并带走了海盗积累的货物与财宝。随后在海军的帮助下，米诺斯征服了许多海盗，并征召这些海盗作为水手为母邦服务，或许这也是官方海盗文化起始。

---

① Hermann Bengtson. Griechische Geschichte[M]. München：Beck，2009.

二、腓尼基

公元前3000年—前2000年，腓尼基（大致为今黎巴嫩版图）在地中海东岸先后发展出一些相对独立的城邦，最出名的有推罗、西顿、乌加里特等。这些城邦并未组织成立国家，在政治上是埃及、亚述、巴比伦和波斯等周边帝国的附庸。

腓尼基是希腊人对他们的称呼，意为“紫色之国”，因为他们贩售一种从当地特有的海贝体内提取出来的紫色染料；还有一种说法，是对腓尼基人因长期海上生活而导致皮肤黑红的戏称。腓尼基东依黎巴嫩山，西接地中海，北临小亚细亚，南连巴勒斯坦，是西亚、北非、南欧名副其实的交通枢纽。其山区盛产埃及贵族喜爱的雪松等珍贵木材，平川种植希腊与美索不达米亚喜爱的橄榄与葡萄，得天独厚的地理位置与稀缺的农作物为腓尼基人提供了贸易的重要资源与通道，使其发展成为海上最早的、最成功的商业民族之一。

经济的繁荣与贸易的需要，推动了造船技术的发展。他们比埃及人和克里特人更早使用雪松树造独木舟，并把船底造成“V”形。为了能够在海上航行得更远，他们将草席或芦苇编制的舷墙安装在船上，还包上兽皮使之更加坚固。埃及法老、克里特人都向腓尼基人购买船只，腓尼基的造船业与专职水手逐渐在地中海区形成品牌效应。

或许，腓尼基人是首个因忽视海权而被海权忽视的群体。以商业著称的腓尼基人，将挣来的钱全部投入再生产，“采购—生产—销售—采购”循环往复，他们卖出了更多的商品、建造了更多的船只、开拓了更广阔的市场，甚至开辟了以迦太基为代表的多个殖民地。然而却忘记了组成一个统一的国家，没有国家就意味着没有国防、没有保护、没有安全。

亚述帝国直接威胁腓尼基城邦，缴纳“保护费”成为一种双方都能接受的形式；希腊、埃及、克里特不仅仅与迦太基做生意，同时他们面对的是同一个市场，经济的冲突无可避免，贸易的逆差最终只能诉诸劫掠与战争。腓尼基在被亚历山大大帝征服后，接续被塞琉古帝国、埃及托勒密王朝、亚美尼亚王国统治。直至变为罗马行省后，逐渐罗马化并失去自治地位。当阿拉伯人成功入侵该地区后，开始了伊斯兰化和阿拉伯化的进程，并演变为现今的黎巴嫩。

腓尼基人作为地中海最早的航海与贸易天才，带着货物与文化穿行于地中海沿岸各个国家，对各地区的文化、宗教、语言、商业交流作出了重要贡献，腓尼基的殖民文化深深影响了地中海国家。

腓尼基也是希腊文明的来源之一。希腊人从他们的商船上得到了许多东方的制造品，学到了许多工艺美术知识。但其中最重要的乃是腓尼基人的字母。希腊人在公元前 8 世纪采用了腓尼基字母并进行了改良，创造出了自己的字母系统。这个新的字母系统成了许多其他字母系统的基础，包括拉丁字母系统。希腊字母则发展成为所有现代欧洲文字的始祖。腓尼基的商船上又载有自埃及等处运来的笔、墨、纸等文具，在这个情形之下，希腊的文学也就渐渐地萌芽起来了。

三、迦太基

迦太基作为腓尼基重要的殖民地以及后裔聚集区，完美传承了腓尼基人的海洋基因。迦太基坐落于北非海岸（今突尼斯），与罗马隔海相望，在腓尼基语中意为“新的城市”，被罗马人称为

“布匿”。

公元前 650 年，迦太基脱离母邦独立（腓尼基城邦泰尔）建立城市国家，不仅成为地中海西岸的海上贸易中心，而且因其内陆地带——巴格拉达斯河谷肥沃的土地，农业和手工业也十分发达。古迦太基拥有庞大的船队，而且居民亦善于航海，其海路贩运奴隶、金属、奢侈品、酒和橄榄油等，商业活动很密集，与之相匹配的是迦太基拥有一支战力强悍的海上军事力量。为了争夺西西里岛与撒丁岛，与希腊开展了 1 个多世纪的战争，最终希腊因伯罗奔尼撒战争的影响而停止向西西里岛移民。然而，崛起的罗马又成了迦太基的新对手。

公元前 264 年—前 146 年，迦太基与罗马发生了 3 次战争，史称“布匿战争”。现在我们回溯那段历史，可以看出文化在该事件中的主导作用。罗马第一任国王为了扩充人口而大肆收拢前来避难的刑徒、奴隶和流民，同时以向拥有公民权的罗马公民分配土地为手段，激发民众参军与护国的热情，并以此为基础大肆扩张，逐步成为亚平宁半岛霸主。

“布匿战争”是军事文化与商业文化的对决。罗马以战争立国，具有强大的战争发动能力、战争学习能力以及民众基础，对征战的认识只有战胜与战败两种概念；迦太基以贸易立国，虽然其海军极其强大，但始终抱有以经济手段开展谈判，进而止战的思维，最终战争失败，国民沦为奴隶，财富被洗劫一空，国灭。

这场历时 118 年的世纪大战，最终以罗马胜利而告终，由此也标志着罗马综合国力由弱转强。同时，长期的战争与财富的激增，彻底改变了罗马内部的社会阶层与经济结构，为其成为今后的罗马帝国发挥了决定性作用。

四、古希腊

古希腊是欧洲文明的重要源头之一，其城邦的民主制度为后来的欧洲民主制度奠定了基础；作为西方哲学的发源地，产生了苏格拉底、柏拉图、亚里士多德等许多著名哲学家，这些哲学家的思想对后来欧洲的哲学和思想发展产生了重要影响；文艺复兴意味着欧洲黑暗中世纪的结束，古希腊又是这次思想启蒙的重要源头。总的来看，古希腊在政治、哲学、艺术、文学等方面取得的重要成就，为欧洲文明的发展奠定了基础。

在古希腊的传说中，是先知普罗米修斯搓起泥土，用河水湿润，塑造了人。大地是人类共同的母亲，江河是母亲温馨的乳汁。孩提时代的人类，谁能不仰仗她，不依恋她呢？然而古希腊全境山岭连绵，群山把各地分割成小块，内地交通阻塞，缺少肥田沃土，因而也缺少自给自足的自然经济条件。这使得古希腊人不得不寻找新的生存方式，他们转向了地中海，开展海洋贸易，建立了广泛的商业网络。

公元前 2000 年前后，迈锡尼文明逐渐发展起来，他们以克里特岛上的米诺斯文化为榜样，大力发展海上贸易，经济实力与军事力量迅速提升，不仅在罗德岛、塞浦路斯与小亚细亚建立殖民地，还在公元前 15 世纪左右攻占和劫掠了克里特岛，由此成为地中海上的海洋强国。在其北方，伯罗奔尼撒半岛周边的阿提亚、斯巴达、雅典等沿海城邦相继兴起，被迈锡尼文明所辐射影响。

公元前 8 世纪，希腊诸城邦开始向西地中海大规模移民，我们现在所知道的许多城市的前身都可以追溯到希腊殖民时代。如：马赛、那不勒斯、锡拉库萨等。在西西里岛和意大利南部，因希腊移民尤其集中而被称为“大希腊”。这次移民潮，不仅为地中海西海岸带去了政治体制，还有神灵与信仰，这为今后罗马帝国的文化、政治与种族认同奠定了基础。

克里米亚半岛地理位置靠近黑海，气候温和，土地肥沃，自古以来就是一个重要的粮食生产地。公元前 5 世纪，希腊人就已经将自己的商船驶入黑海，粮食、金属与海产品，源源不断地从那里的新殖民地运回母邦。

那时，地中海与黑海已然成为古希腊城邦进行贸易和殖民的最佳助力，丰厚的回报、优渥的生活只会助长追求财富与资源的欲望，令人恐惧的是，谁也没有意识到这种贪婪永无止境，且在漫长的文化建构过程中，也不曾对殖民与伤害进行反思。

一切是那么的理所应当，一切是那么自然的代代传承。地中海沿岸国家对于海洋的依赖，决定了他们必须不惜一切代价保持对海洋的控制，任何侵犯与挑战他们海洋权益的行为都将被视为战争的号角。

为了生存与财富而开辟的航海之路，是地中海国家保持稳定和繁荣的主要途径，海上贸易、殖民扩张、军事征服已然由生存手段内化为文化基因。

五、古罗马

古罗马的起源有多种传说，但他们通过战争统一了亚平宁半岛，并因为西西里岛的归属，在地中海与当时的海上霸主迦太基进行了历时 100 多年的“布匿战争”，且最终获得胜利。

在战争中学习战争，或许是古罗马雄霸地中海沿岸 5 个世纪的重要理由。初次与迦太基在海上相遇时，习惯于陆战的古罗马军队显得异常局促，由木筏组成的罗马海上军团根本无法对迦太基成熟的海军舰队产生威胁。于是，在希腊的帮助下，古罗马军队短短几个月就把整片的森林变成了 160 艘战舰，并配备 30000 名桨手组成了罗马舰队。他们在实战中发明了“接舷战”战术，在战船前段装上铁钩，待接近敌船时钩住对方，放下接舷吊桥，登上敌舰，短兵相接后便可以发挥罗马军团的近战优势了。

在三次布匿战争中，罗马人持续改进海军装备与战术，最终大获全胜，并建立起了成熟的海军体系，为今后攻陷巴尔干半岛和伊比利亚半岛奠定了基础，创造了迄今为止唯一将地中海作为国家内海的奇迹，并建立起长达 500 年的海上霸权。

古罗马时期，来自中国的樟脑、龙涎香、丝绸、瓷器，爪哇岛的香料、木材、金属，印度的纺织品、棉布、沉香木，阿拉伯世界的丁香、肉豆蔻、胡椒，非洲的大象、黄金，克里米亚的粮食、农作物等，在罗马商人的运转下，实现了欧亚非三个大洲的互通有无。与此同时，各洲语言、文化、宗教、科技、农作物等的交流越发频繁，新的文明与思想也在酝酿之中。

第三章　海洋文化的载体之海洋物质文化

海洋文化作为宏观文化体系的一部分，是人类与海洋互动所衍生出的精神、物质与实践成果的总和，它反映了人类对世界的认知和理解，以及对生活意义和价值的探求。

本书在介绍文化载体的章节中曾作过如下表述：文化只有反映在语言文字、文学艺术、建筑设计、宗教民俗、法律制度等人类客观行为或社会实践上，将抽象转化为具象后，才能够被总结、被归纳、被提炼，进而被认识。也只有通过具象的、客观存在的、能够被观察到的中介，我们才能真正认识和理解文化，这个中介就是载体。因此，海洋文化同样需要载体来呈现其丰富的内涵，传播其璀璨的成果、彰显其独特的魅力、弘扬其特殊的价值。

卡尔·波普尔（Karl R. Popper）在其著作《客观知识：一个进化论的研究》中，提出了“三个世界”理论。世界一：由物理客体和事件组成的世界，包括生物的存在。指客观存在的物质世界，包括物质实体、物理现象以及自然规律。这些是独立于我们的意识和认知的客观存在于外部世界的实体。在世界一中，包含着我们所能感知到的一切物质事物和自然现象，例如星球、大气、地形、生物等。这些物质实体以及它们之间的相互作用都遵循物理规律和自然规律。世界二：由心灵主体和其感知事件组成的世界。指我们的主观意识和心理体验。这包括我们的感知、思维、情感、信念等心理现象。这些是每个个体独有的，是与每个人的个体经验和意识状态相关的。世界三：客观知识组成的世界。指非物质的、抽象的符号、符号体系、知识、语言和文化等共享的文化和知识结构。这些是独立于个体的意识和具有客观性的文化成果，被不同的个体共享和传承。

以卡尔·波普尔的“三个世界”为理论依据，我们可以尝试把海洋文化的载体大致分为“海洋物质文化”“海洋精神文化”“海洋实践文化”三个层面，同时列举出每一类中具有代表性的项目。在此需要说明的是，海洋文化的内涵极其庞杂，所呈现出的载体种类、数量数不胜数，因此在汇总梳理时必定会有所遗漏和疏忽，其原意在于抛砖引玉、启发思路、拓宽视野。

海洋物质文化指的是，可以直接观察到的，人类与海洋互动过程中所创造出的、客观存在的、在一定时期内得到普遍认可和使用的实物。

第一节　海洋工具

在人类初期，与海洋产生关系最直接的动因便是生存的需要。临海而居的先民，为了获取食物发明了各种与海洋相关的工具。在渔业领域，主要的生产工具包括网具、渔船、钓具、潜具、饵料、笼具等等。其中网具包括刺网、围网、拖网、地拉网、张网、敷网、抄网、掩罩等等。渔船作为海上生产的主要工具之一具有悠久的历史，时至今日，无论船的动力源与材质如何发展，其海上载具的属性一直沿用。《中华人民共和国渔港水域交通安全管理条例》第四条对渔业船舶做出了明确定义，渔业船舶是指从事渔业生产的船舶以及属于水产系统为渔业生产服务的船舶，包括捕捞船、养殖船、水产运销船、冷藏加工船、油船、供应船、渔业指导船、科研调查船、教学实习船、渔港工程船、拖轮、交通船、驳船、渔政船和渔监船。

一、捕鱼工具

人类捕鱼的行为大约可以追溯到史前时期，考古证明在新石器时代就已经出现了弓箭、渔镖、渔叉、渔钩、渔网、渔笱等捕鱼工具；在商代出现了青铜制作的鱼钩；周朝时期捕捞工具已趋于多样化，可细分成九罭（yù）、汕、罶（lù）、罶（liǔ）、笱（gǒu）、罩、罾（zēng）等多种，可归纳为网渔具、钓渔具和杂渔具三大类。

网渔具是先民们使用最频繁、最广泛且效果最大的一种捕捞工具，在捕捞活动中占有重要地位。中国的网渔具早在四五千年以前已普遍使用并有相当高的制作技术了。同时，中国早期的古籍对网具也不乏记载：《易・系辞》上说包羲氏“作结绳而为网罟，以佃以渔”，《书・盘庚》说“若网在纲，有条不紊”等。殷商甲骨文中有多种“网”字，当是原始网具的反映。时至今日，随着捕鱼作业环境的变化，渔具的设计、材质、功能也在不断发展变化，充分满足了远洋捕捞、休闲垂钓等现实需要。

随着渔业科学技术的发展，传统的渔猎和养殖方式已逐渐被规模化养殖所替代，同时保持海洋渔业资源的可持续发展业已成为共识。近年来，我国提出“要树立大食物观，既向陆地要食物，也向海洋要食物，耕海牧渔，建设海上牧场、‘蓝色粮仓’”，站在解决好吃饭问题、保障粮食安全的高度，发展深海养殖装备和智慧渔业，推动海洋渔业向信息化、智能化、现代化转型升级，逐渐构建了海洋牧场、深水网箱、养殖工船等深远海养殖新格局。

二、舟船舰艇

船的发明，是古代人类勇于开拓的伟大创举，扩宽了人类活动区域、促进了不同地球板块上人员的交流和联系，见证了人类的发展历程。数千年以来，船体材质、载具功能、建造工艺、设计理念等也随着科学技术的发展和时代需要不断演化，每一次船舶建造技术的革新都是一个时代科技与智慧的凝结。

舟船舰艇都是用于水上活动的载具。从社会意义的角度来讲，舟和船是作为生产生活工具来定义的，而舰和艇则是具有暴力、征服与战争的属性。从航行区域来讲，可以分为远洋船舶、沿海船舶、内河船舶；按照用途来看，可以分为军用船舶和民用船舶；按照动力源来划分，可以分为浆动力船舶、风帆动力船舶、蒸汽动力船舶、油气动力船舶、核动力船舶。

中国作为大河文明与海洋文明双重发达的民族，孕育了最早的船文化，其造船工艺一度遥遥领先。《淮南子 · 物原》中有记载：燧人氏以匏济水，伏羲氏始承桴。其中“匏”就是葫芦，“桴”就是木筏，这说明至少在旧石器时代，中国就有了葫芦和木筏这两种渡水工具。从将葫芦直接绑在腰上到制作腰舟，从把树枝树干捆扎成木筏到用动物皮囊制作的皮筏，从掏空树干制作一叶扁舟到大量木板建造楼船，先民的水上载具不断发展演进，直至今日。

目前世界上保存的最古老的独木舟是我国的跨湖桥独木舟，属于跨湖桥文化，距今约8000年，也是世界上最早的独木舟之一；另外在茅山遗址良渚文化中期古稻田里的一条河沟岸边，发掘出了茅山独木舟，距今约5000年；除独木舟外，各地史前遗址也出土过一些舟形陶器。浙江余姚井头山、河姆渡、田螺山，萧山跨湖桥、余杭卞家山、杭州水田畈，江苏常州圩墩、吴江龙南等遗址发现了数量众多的木桨。余杭南湖遗址还曾出土一条良渚文化时期的竹筏。以独木舟和竹木筏为代表的舟船是史前时期主要的水上交通工具。

在殷商时代的甲骨文中多有关于“舟”的记载，因此可以推断，至少在公元前1600年时，舟便作为一种被广泛认可和使用的水上工具出现在人们的生活中了。从甲骨文的“舟”字也可以看出，殷商时期的船已经跳脱出独木舟的范畴，发展出了由横向和纵向复杂构件所组成的“船”的初步形态，并且已经明确区分出民用和军用。造船技术在春秋战国时期已经相当成熟和完备，其战船可分为大翼、中翼、小翼，楼船、突冒、桥船等，桨作为主要动力源已经得到应用。

尼罗河大概是世界上第一个升起风帆的地方。古埃及早在6000年前就开始使用风帆作为船的动力，成为世界上最早使用帆船的国家。早在公元前3000年左右，埃及的船只就可以穿越地中海到腓尼基（现在地中海东岸黎巴嫩范围）运输雪松板了。同一时期的苏美尔人则驾驶木船沿幼发拉底河直达北部开展贸易，并在岸上点燃篝火为夜间返航的船只指引方向，成为人类已知最早的引航灯塔雏形。

地中海东岸的腓尼基人在造船与航海方面有与生俱来的天赋。腓尼基城邦地处地中海东岸，血液里就有着航海、造船与贸易的基因。他们吸收了两河文明（底格里斯河与幼发拉底河）、克里特米诺斯文明、迈锡尼文明的生产成果，制造出了船底呈圆形、有粗大龙骨、装有单桅方帆和多层桨的船只，具备了强大的海战能力和远洋能力。

18 世纪中期以前，中国的造船业与航海技术均居于世界先进行列。直至英国工业革命成果席卷西方世界，蒸汽动力的出现，创造了巨大的生产力，也彻底改变了船的动力方式，载重量更大、走得更远、攻击力更强的商船与战舰开启了人类航海历史上第一次真正意义上的变革。

1807 年，美国人富尔顿制造出用 24 马力的瓦特蒸汽机驱动两只明轮的“克雷蒙特号”，从纽约沿哈德逊河航行 240 千米至奥尔伯尼，宣告了蒸汽船的诞生。1843 年，英国建造了第一艘以蒸汽推动螺旋桨为动力的“大不列颠号”，成为造船技术变革的标志。1849 年，法国建造了世界上第一艘以蒸汽机为主动力装置的战列舰“拿破仑号”，装配 100 门火炮，航速更快且不受风和海流的影响，标志着蒸汽动力时代的正式来临。1853 年，俄国黑海舰队首次使用尾部装弹的线膛炮，并为木质舰艇战装上厚厚的铁甲，标志着蒸汽铁甲时代的来临。自此，列强采用蒸汽动力的铁甲舰船，护卫着蒸汽动力的铁甲商船，在全球海域游弋横行。

1892 年，德国人鲁道夫·狄塞尔取得在内燃机中使用压缩点火的专利，并于 1897 年制成世界上第一台自动点火内燃机，也就是压燃式柴油机，柴油机具有发热效率高的显著优势，很快就被应用到船舶上。1912 年，世界上第一艘柴油机远洋船 Selandia 投入运营，从此以后柴油机逐渐登上历史舞台。二战以后，随着柴油机增压技术的发展，柴油机船逐渐成为运输船舶的主流，但是大型军舰仍然多数采用蒸汽动力。1954 年，美国成功研制出世界上第一艘核动力潜艇“鹦鹉螺号”，其具有动力时间长、隐蔽性能强的显著优势；1961 年，世界上第一艘核动力航母“企业号”服役；1964 年以后，美国海军不再建造常规动力航母，全部改为建造核动力航空母舰。[①]

自清朝后期至新中国成立前，中国船舶业处于历史最低谷的时期。然而经 70 多年的艰苦创业，时至今日，中国已经成为世界第一造船大国。据官方数据显示，2022 年，我国造船完工量、新接订单量和手持订单量以载重吨计分别占全球总量的 47.3%、55.2% 和 49.0%，以修正总吨计分别占 43.5%、49.8% 和 42.8%，各项指标的国际市场份额均保持世界第一。

第二节 海洋建筑

海洋建筑指的是，为适应海洋环境、服务海洋产业、保护或开发海洋资源、提供海洋旅游服务等目的而建筑的结构物或工程。一般包括但不限于港口码头、船坞、灯塔、海洋工程建筑物、海防设施、海洋科学研究所或涉海旅游场所等。

一、港口

港口指的是位于海、江、河、湖、水库沿岸，具有水陆联运设备以及条件以供船舶安全进出和停泊的运输枢纽。港口是水陆交通的集结点和枢纽处，是工农业产品和外贸进出口物资的集散地，也是船舶停泊、装卸货物、上下旅客、补充给养的场所。

① 张炜 . 海洋变局 5000 年 [M]. 北京：北京大学出版社，2021.

（一）港口发展简史

在人类历史的早期阶段，天然港口是人们最早选择使用的泊船场所。一般泛指自然形成的港湾或海湾，具有良好的地理条件，能够提供船只停靠、避风和装卸货物等功能。这些港口通常具备深水、宽阔的水域、自然形成的避风岬或半岛等地理特征，使得船只可以安全停泊并进行各种活动，如装卸货物、补给燃料、修理等。

在地中海沿岸，古代的港口遗址留存较多，反映了那个时代的商业和航运业的繁荣。例如，腓尼基人在公元前 2700 年左右在地中海东岸建立了西顿港和提尔港，这两个港口现在位于黎巴嫩。此外，非洲北岸的迦太基港（现在的突尼斯）也是那个时代的重要港口。在古希腊时代，比雷克斯港在摩尼契亚半岛的西侧兴建，而在克里特岛的南岸，我们可以找到梅萨拉港的遗址。公元前 332 年，马其顿的亚历山大大帝在埃及北岸建立了亚历山大港，这个港口后来成为地中海地区的重要交通枢纽。罗马时代，人们在台伯河口建立了奥斯蒂亚港，这个港口现在位于意大利。

随着商业和航运业的发展，人们开始意识到天然港口已经无法满足经济发展的需要，因此开始兴建具有码头、防波堤和装卸机具设备的综合性人工港口，这标志着港口工程建设的开端。进入 19 世纪，产业革命推动海上贸易量急剧增长，人们开始大规模地建设港口。这个时期，以蒸汽机为动力的船舶开始出现，船舶的吨位、尺度和吃水深度都在日益增大。为了建造人工深水港池和进港航道，人们开始使用挖泥机具，这标志着现代港口工程建设的开始。同时，陆上的铁路运输开始将大量的货物运送到港口，这大大促进了港口建设的发展。

现代港口作为运输和贸易的重要枢纽，不仅有码头和船舶停泊设施，还包括货物装卸设备、集装箱处理设施、仓储区、货运铁路和公路等综合交通网络。全球范围内，许多国家和地区都投入大量资源和资金用于港口的建设和升级，以满足全球化经济和贸易的发展需求。在中国，上海港、宁波港、深圳港等都是世界较大的港口，为中国的经济发展和贸易往来起到了至关重要的作用。

在中国的历史上，港口发展有着悠久的历史。早在汉代，中国就建立了广州港，与东南亚和印度洋沿岸各国通商。随后，中国陆续建立了许多对外贸易港口，包括杭州港、温州港、泉州港、登州港等。到了唐代，还有明州港（今宁波港）和扬州港等重要港口。这些港口为中国与世界各地的贸易和文化交流提供了便利。宋元时期，中国又建立了福州港、厦门港和上海港等对外贸易港口，进一步拓展了对外交往的范围。

然而，随着鸦片战争的爆发，中国逐渐丧失了对港口的控制权。1842 年，《南京条约》被迫签订，英国强迫中国开放广州、福州、厦门、宁波、上海五港为通商港口，使得外国势力在这些港口内修建码头并获得港口管理权。随后，帝国主义势力还迫使清政府在更多地方开辟了通商港口，如天津、青岛、汉口等。

中华人民共和国成立后，中国港口事业迎来了新的发展。20 世纪 50 年代初，中国建成了万吨级泊位的湛江港和现代化煤码头的裕溪口港。70 年代中期以来，中国在大连港建成万吨级石油码头，在宁波北仑港建成万吨级矿石码头。同时，天津、上海、黄埔等港口也相继建成投产了集装箱码头，为国际贸易提供了更高效便捷的服务。

自改革开放以来，中国的港口建设发生了翻天覆地的变化，取得了举世瞩目的成就。在基础设施建设方面，1978 年，全国沿海港口生产性泊位仅有 311 个，其中万吨级以上泊位 133 个，货物吞吐量仅为 2 亿吨，没有一个亿吨级大港；截至 2020 年年底，全国沿海港口共有生产性泊位 5461 个，其中万吨级及以上泊位 2138 个，沿海港口货物吞吐量达到 94.8 亿吨，约为 1978 年的 18 倍、16 倍和 48 倍，在世界港口吞吐量排名和集装箱吞吐量排名前 10 位中分别占据 8 席和 7 席。为适应大型船舶，建成舟山港、天津港、黄骅港、广州港等一大批深水航道。随着中国海运需求的增长，集装箱码头、原油码头、矿石码头和煤炭装船港等专业化港口相继建成，为我国改革开放和经济发展提供了有力支撑与保障。

截至 2020 年年底，中国港口拥有生产用码头泊位 22142 个，其中，万吨级及以上泊位 2592 个；2022 年《劳氏日报》公布全球 100 大集装箱港口排名，27 个中国港口榜上有名。中国的港口建设和发展是中国经济发展和对外交往的重要基础，也是国际贸易和文化交流的重要枢纽。随着中国经济的快速增长，港口建设和现代化仍在不断推进，中国在全球贸易中扮演着越来越重要的角色。

（二）港口发展的特点

港口发展具有五方面的特点。一是自然条件、经济腹地要求高。港口建设发展需要一定的自然条件，优越的地理位置、广阔的水陆域、必要的泊位水深、良好的气象等条件是现代码头长期充满活力的必要保证。港口的发展还需要有发达的经济腹地条件，为港口提供稳定的货源。二是集疏运条件要求高。现代港口必须具有完善与畅通的集疏运系统，才能成为综合交通运输网中重要的水陆交通枢纽。一般与腹地运输联系规模大、方向多、运距长或较长，以及货种较复杂多样的港口，其集疏运系统的线路往往较多，运输方式结构与分布格局也较复杂；反之亦然。三是资本投入大、建设周期长。港口属于交通运输基础设施，具有投资规模大、建设周期长的特点，要求进入者必须具有较强的资金实力，特别是随着船舶大型化，沿海港口向外海深水区发展，建设环境更加复杂，对进入者资金实力要求更高。四是经营专业化程度高。港口行业在交通运输行业中属于经营专业化程度较高的子行业，在港口技术、经营管理、商业渠道、客户关系、产品服务等方面都更专业化，增加了新进入者的难度。五是政府管制严格。港口作为维系社会经济正常运行的一个重要的基础产业，提供的服务涉及公共利益和国家安全，各国都对港口运输行业实行较为严格的政府管制。①

（三）港口的分类

港口分类一般会按照其机能、用途（见表 3-1）、规模、营运单位、相关法规、地理位置（见表 3-2）、自然环境（见表 3-3）、所属国别等条件进行分类，世界主要港口城市如表 3-4 所示。

表 3-1　按照用途对港口进行分类

种类	用途	主要停靠的船舶类型
商港	以国际贸易、国内贸易等货物运输为主	商船（货轮、货柜船等）
工业港	与工业区相邻，以运输原物料及工业制品为主	工业船舶（油轮、原料输送船等）
渔港	以运输水产品为主	渔船
客运港	供运送车辆、旅客的船舶出入，多附属于商港之内，如邮轮码头	客运船（邮轮、渡轮）
娱乐港	供娱乐、观光用途的船舶停泊、出航	游艇、观光船等
军港	由海军使用、专供军事用途	军舰、航空母舰等
避风塘	供各式小型船舶暂时停靠	小型船舶

① 中国开放数据 CnOpenData. 全球港口信息数据 [EB/OL]. [2023-10-04].https://www.cnopendata.com/data/global-ports.html

表 3-2　按照地理位置对港口进行分类

种类	地理位置	举例
海港、沿岸港	位于海岸线上	多数港口
河港	位于河流沿岸	武汉港、重庆港、伏尔加格勒港
河口港	位于河口（河流交汇处或入海口）	上海港、天津港、鹿特丹港、伦敦港、汉堡港
湖港	位于湖泊沿岸或入口处	芝加哥港、巴库港、基苏木港、湖州港

表 3-3　按照自然环境对港口进行分类

种类	自然环境	举例
天然港	海岸向内曲折形成海湾，外围由半岛、海岬、岩礁或其他天然地形屏蔽	俄罗斯海参崴港、澳大利亚悉尼港、巴西里约热内卢港、中国维多利亚港、美国旧金山湾、英国利物浦港、南非开普敦港
人工港	缺乏自然海湾的沙岸	中国洋山港及海河河口港
不冻港	中高纬度地区，冬季不会结冰	中国的大连港、青岛港、烟台港、旅顺港、秦皇岛港；俄罗斯摩尔曼斯克州首府摩尔曼斯克港；温哥华港；哥德堡港；鹿特丹港

表 3-4　世界主要港口城市

位置	所属国家	港口城市
亚洲	中国	上海、深圳、宁波、舟山、广州、青岛、天津、烟台、厦门、大连、连云港、苏州、营口、佛山、维多利亚、高雄、台北、台中、基隆、花莲
	日本	东京、横滨、名古屋、大阪、神户、福冈
	韩国	釜山、仁川
	印度	加尔各答、孟买
	马来西亚	巴生
	新加坡	新加坡
	土耳其	伊斯坦布尔
	阿联酋	迪拜
欧洲	比利时	安特卫普
	法国	马赛、勒阿弗尔
	德国	汉堡、不来梅哈芬

（续表）

位置	所属国家	港口名城
欧洲	荷兰	鹿特丹
美洲	巴西	约热内卢
	加拿大	蒙特利尔、温哥华
	美国	纽约、芝加哥、波士顿、西雅图、洛杉矶、旧金山
大洋洲	澳大利亚	墨尔本、悉尼
	新西兰	惠灵顿

（四）港口文化

港口文化是指在港口地区形成的一种独特的文化现象，涵盖了港口地区居民的生活方式、价值观念、社会习俗、艺术表现、宗教信仰等方面。港口作为水陆交通的重要节点和经济交流的集散地，孕育了独特的文化氛围和价值体系。

港口地区的居民常常与海洋密切相伴，海上生活成为港口文化的重要组成部分。港口是不同文化、不同国家之间交流的重要场所，因此港口文化具有多元融合的特点，融合了不同文化的元素和特色。此外，港口是贸易活动的中心，因此更强调商贸精神，重视商业合作和互利共赢。同时，港口文化往往具有开放的世界眼光，关注国际事务，参与全球经济和文化交流的意愿相对主动与强烈。

港口的出现与发展，促进了不同地区和国家之间的文化交流与合作，集中展现了沿海地区的文化特性与城市形象，推动了港口地区的经济发展，带动了相关产业的繁荣，同时对传承和弘扬海洋文化起到了积极的作用。

二、船坞

船坞是造船厂中修、造船舶的工作平台，是修理和建造船舶的场所。

（一）中国船坞的发展

从最早的独木舟、木筏发展到具有载货、远洋、作战等功能更为复杂的船只，造船技术越来越强，船体规模越来越大，内部结构也越来越复杂。早期建造船只受水文条件制约，进度迟缓，经常有在建船舶被潮水冲走的事件发生。直到 977 年，北宋张平在任供奉官、监阳平都木务兼造船厂时发明了“船坑”，即在岸边挖一个大坑，在其中造船，船造好以后再掘开一个口子引水入坑，坑满则船浮，如此既可以保证造船计划顺利完成，也便于新船入水。这种大坑后来被称作“船坞”，也是干船坞的雏形。张平发明的船坞，为造船业的发展开启了新的篇章，他也被誉为“世界船坞之父”。船坞技术使得船只制造时间大幅缩短、产量大幅提升，北宋吉州船厂曾创下年产内河船只 1300 艘的纪录。到北宋末年，我国已出现了滑道下水技术，反映出了古代中国无论在造船的技术和规模上都处于世界领先水平。

北宋后期，中国的船舶建造水平不断提高，每年建造的海船数量逐渐增多。特别是在明州（今浙江省宁波市）和温州等地，每年造船数量都相当可观，仅这两地一年就可以建造约 600 艘各类船只。同时，海船的体积也越来越大，载重能力达到几万石（约为今天的千吨级以上）。中国海船的发展在世界范围内处于领先地位。据《岭外代答》记载，宋代的渡南海船舶，舵长数丈，可以载几百人和数年的粮食，有些船舶上还可以养猪和酿酒，显示出了当时中国造船技术和航海技术的卓越水平。由于中国的船舶具有运载量大、稳定性强、安全可靠、航速快等优点，外国商人也纷纷乘坐中国制造的船舶进行海上贸易和航行。中国船成为海上贸易的首选工具，许多海船都标注了“中国制造”。

明朝时期，中国的船坞发展达到了前所未有的巅峰，其分布广泛、规模庞大、配套完备，可以说在古代造船史上达到了最高水平。明朝的船坞技术和造船工艺在当时世界范围内可称得上最为先进。中国各地出现了许多大型的船坞，这些船坞用于制造海船，规模宏大，设施齐全。在这些船坞中，可以制造各种类型的海船，包括大型的商船、战船和探险船等。船坞之间相互配合，形成了庞大的海船制造产业链，许多船坞的制造技术和设备堪称世界之最。船坞建造、船体设计和建造、船帆和帆绳的制作等方面，都达到了相当高的水平，对中国的海洋贸易和探险活动产生了重要影响，并成为当时世界贸易和海上交通的主要力量之一。

航海家郑和七次下西洋，其船队规模创造了中国古代海洋活动的最高峰。其中一次所率领的船队就有 62 艘大型宝船，船队人员编制高达 27800 人。这些船只是由龙江宝船厂船坞制造的，其位于南京市贯西北中保村，是当时世界上最大的造船基地之一。郑和首航西洋所使用的宝船、巨船、水船等共计 200 多艘船只全都在这里建造。这座船坞现在已经成为省级文物保护单位，是全球仅存的未经挖掘的古代造船工业文化遗址。当时的船坞（古称作塘）共有 7 座，现在仅存 4、5、6 号作塘。

鸦片战争后，广州成为中国对外交流的重要港口，吸引了大量外国船只，船舶修理行业在广州得以发展。然而，当时清朝的船坞技术和装备相对落后，只能靠人力将大型船舶拖入船坞。洋务运动开始后，大清成立马尾船政局、江南机械制造总局、天津大沽船坞和旅顺船坞。其规模和设备基本与当时世界普遍水平相当，因此在第一次世界大战中承担了一些外国订单。其中江南造船所接到了中国第一张国外造船订单：为美国政府制造 4 艘载重量 1 万吨、排水量 14750 吨的运输舰。这是中国造船业有史以来最大的工程，也是工业发达国家首次向中国政府订购船舶。随后，又有 4 艘以中国名字命名的美国船陆续下水，引起中外报刊的广泛报道，大赞“中国工业史，乃开一新纪元”。外国客户纷纷前来订造、定修船舶。然而，在第二次世界大战中，由于日本侵略者的入侵，中国沿海船坞几乎全部沦陷。江南造船所在中国造船业的发展中具有重要的历史地位。它不仅是中国第一个国外造船订单的承接者，更是代表了中国工业的崭新时代的开始。然而，战争的爆发使得中国的造船业遭受了严重的破坏和损失。但这段历史也证明了中国造船业的潜力和发展前景，为中国船舶工业的复兴奠定了基础。

新中国成立后，我国船坞建造与船舶工业迅猛发展，尤其是改革开放以后，在大连、上海、青岛先后建造了超大型船坞，技术水平与装备设施更是处于世界领先水平。目前，我国已经成为世界第一的造船大国，拥有全球最大的、最先进的船坞设施与造船科学技术。

（二）国外船坞的发展

欧洲最早的船坞是 1495 年由英国国王亨利七世在朴次茅斯建立的，比中国的船坞要晚 400 多年。这标志着大西洋贸易中的商船开始向大型化发展。随着欧洲海洋探索和商业活动的不断增加，船只数量迅速增加。到了 16 世纪后期，荷兰船坞因为引入新设备，例如绞车、吊车、风力锯木机等，并进行标准化生产，能够批量生产船底低平、载货容量大、成本低廉的飞船，让整个北大西洋航运业蓬勃发展。随着船坞的迅猛发展，越来越多的先进海船成为欧洲人探索世界的力量。到了 18 世纪，欧洲人在造船技术上已经远远领先于中国。这一时期，欧洲列强的船坞不断发展，为海洋贸易、探索和海上霸权的建立提供了强大的支持。

三、灯塔

灯塔指的是位于河岸或海岸的建筑物，其主要功能是指引船舶的方向，帮助船只在海上或河流中航行时安全到达目的地。灯塔大多采用塔的形状，顶部设有透镜系统，通过聚焦光线向海面照明，使船只在夜间或恶劣天气条件下能够辨别方向和航线。

在人类早期，由于航海技术的欠发达，船只一般只能沿海岸航行，并以海岸线或沿海礁石作为参照物，一旦脱离视线参考，就会迷失在茫茫大海中。尤其是在夜晚或自然光线昏暗的环境下，海上航行的风险会大大增加。因此人们逐渐采用在岸边燃起篝火的方式为航船提供坐标。最早的灯塔通常使用火焰作为光源，通过点燃火把或煤油灯来产生光亮。这样的灯塔被称为"火焰灯塔"，它们是古代导航设施的一部分。随着科技的发展，灯塔的光源逐渐演变为电光或激光。在现代导航系统的支持下，人工操作的灯塔数量逐渐减少。现代的灯塔通常采用自动化设备，能够根据天气和船舶的情况自动调节亮度和光线方向，以确保船只的安全航行。尽管现代导航技术已经非常先进，但人为操作的灯塔仍然具有重要意义。在某些地区，特别是在海上航行复杂或地理条件复杂的地区，人工操作的灯塔可以提供额外的导航帮助和安全保障。此外，一些具有历史和文化价值的灯塔也被保留下来，成为旅游景点和文化遗产，吸引着游客和历史爱好者的光顾。

（一）灯塔的历史

最早的灯塔可以追溯到古代文明时期，例如古埃及的法罗斯灯塔（位于今埃及亚历山大港），约建于公元前 270 年。法罗斯灯塔是世界上第一座灯塔，也是古代世界的七大奇迹之一。另外，古希腊、古罗马和古腓尼基等地也建造了一些灯塔，用于指引船只在海上航行。中世纪时期，欧洲的灯塔开始显著增加。尤其在地中海地区，随着商业和海上贸易的发展，灯塔的重要性进一步凸显。许多灯塔是由城市或港口管理机构建造和维护的，用于引导船只进出港口，并保护航行安全。

从光源发展来看，早期的灯塔主要使用蜡烛灯或油灯作为光源，灯塔守护人员会点燃蜡烛或注入油来维持灯塔的光亮，以帮助船只在夜晚或恶劣天气下辨别方向。19 世纪中期，煤气灯和气体灯成为灯塔光源的主要替代品，这些灯具有更高的亮度和更长的持续时间，使得灯塔的效率和可靠性得到显著改善。随着电力技术的发展，灯塔的光源逐渐从传统的火焰灯转变为电光，电光灯塔具有更高的亮度和可控性，使航行导航更加准确和高效。现代灯塔大多采用自动化设备，能够根据天气和航船情况自动调节光亮和光线方向。这些自动化灯塔减少了人工操作的需求，并提高了导航的可靠性。随着雷达、GPS 和其他先进的导航技术的发展，灯塔在航行导航中的地位逐渐被替代。然而，人为操作的灯塔仍然在某些地区提供额外的导航支持，确保船只在复杂或恶劣条件下安全航行。

中国第一座灯塔是崇武灯塔，建于 1387 年，位于福建省惠安县崇武镇。这座灯塔是由当地民间集资建设，用于指引船只在附近海域航行。明代永乐十年（1412 年），官府在长江口浏河口东南沙滩上筑起一座“方百丈、高三十余丈的土墩，其上昼则举烟，夜则明火”的灯塔，指引船舶进出长江口，这是中国由官府出资建设航标的先例。随着中英《天津条约》的签订，中国开始大规模建设灯塔，规定了通商港口需要建设浮桩、号船、塔表和望楼等航标设施。1997

年 10 月，我国海南临高角灯塔、上海青浦泖塔、温州江心屿双塔、舟山花鸟山灯塔、大连老铁山灯塔入选“世界历史文物灯塔”。

（二）国内外著名灯塔

法罗斯灯塔：也叫作亚历山大灯塔或大灯塔，是古代世界七大奇迹之一。大约在前 283 年由小亚细亚的建筑师索斯特拉特设计，在托勒密王朝时建造。由于历史的模糊记载，预估高度在 115 ～ 140 米之间，它在倒塌之前可能是仅次于胡夫金字塔和卡弗拉金字塔的第三高建筑物。14 世纪，法罗斯灯塔毁于地震。

上海青浦泖塔：泖塔原是泖河中小岛上的一座古塔，位于上海市青浦区朱家角镇张马村，是五级四面的长方形砖塔，高 29 米，边长 8.63 米，唐乾符年间（874—879 年）由高僧如海在泖河中筑台建塔，后增殿阁，名澄照禅院。宋景定年间（1260—1264 年），改名福田寺，亦名长水塔院。泖塔既是佛塔，又是灯塔，一身二用，当年来往船只都以泖塔为标志，夜间塔顶悬灯，指示航道。宋朝末期（1279 年），由于上海滩的海岸线往外推移，泖塔的航标灯随之熄灭。完全失去航标功能的泖塔于 1995 年经上海市文物管理委员会修改后，重现昔日古塔风采，由上海市局航标导航处管理，泖岛易名为“太阳岛”，现为上海胜景。

赫拉克勒斯塔：位于西班牙的西北部，濒临大西洋海岸，在拉科鲁尼亚港的入口，是世界上保存最完整并仍在使用的古代罗马灯塔。整座灯塔高度为 185 英尺（约 56.4 米），是由古罗马人在 1 世纪晚期建造的，也有一种说法是 2 世纪开始建造的。赫拉克勒斯塔得名于古希腊神话中的英雄赫拉克勒斯（又称海格力斯），他是古希腊神话中著名的英雄之一。以赫拉克勒斯塔作为灯塔名，是为了纪念他和他的传奇事迹。随着历史的演变，赫拉克勒斯塔经历了多次修复和扩建，特别是在 18 世纪由建筑师 Eustaquio Giannini 进行了重要的修复工作，增加了两个八角形的结构，使得灯塔得以保持至今。

（三）灯塔的文化价值

随着卫星定位和导航技术的不断发展，灯塔引导航行的重要作用逐渐淡化，但其作为一种古老且具有美好内涵的存在，已经被赋予了深厚的人文价值。

首先，灯塔被赋予了希望的品格。作为海上航行的重要标志，它们位于海洋或沿岸的孤立地点，用高大的建筑和明亮的灯光向船只指引方向，帮助船只避免危险，安全抵达目的地。在古代，船只的航行仰赖天文导航和观察地标，而灯塔则为航海者提供了重要的参考和保障，因此被视为是船只返航的希望之光。其次，灯塔所象征的是勇敢和奉献的精神。守塔人在偏远的孤立地点工作，他们需要克服孤独、恶劣天气和资源匮乏等困难，而这种奉献精神使他们能够燃烧自己，照亮别人。他们用自己的努力和牺牲，确保灯塔时刻保持明亮，为航行者提供安全的航线。这种奉献精神激励着人们在困难面前坚持不懈，为他人带来希望和光明。最后，灯塔还承载着人们对归途的期盼和对新的起点的追求。在黑暗的海洋中，灯塔是回家的象征，是疲惫航行者寻找安全港湾的指引。 它象征着新的开始和未知的探索，鼓舞人们勇往直前，追求更好的未来。

灯塔的艺术美学价值也是不可忽视的，它们在设计、建造和位置选择上反映了地域文化和历史背景，呈现出丰富多样的艺术风格和美感。首先，灯塔的造型和建筑设计体现了建筑艺术的美感。不同的灯塔可能采用不同的材料、形状和结构，如圆形、六边形、方形等，使其成为独特的建筑景观。灯塔的外观通常经过精心设计，不仅要满足导航功能，还要体现美感和艺术价值。其次，灯塔的位置选择和环境融合体现了景观艺术的价值。灯塔通常建造在风景优美、地势险要的海岸线上，与周围自然环境相互融合，形成独特的海洋景观。当地特色的自然风光与灯塔的设计相辅相成，为人们带来视觉的享受。此外，现代大型灯塔更加注重文化的融入，体现了艺术美感。通过将各国传统元素如文字、乐器等融入灯塔设计中，使其更加具有特色，展现出浓厚的文化氛围。这些灯塔不仅令人赞叹其导航功能，而且让人感受到文化的魅力。

第三节　海洋遗址

海洋遗址应当是一个既新鲜又古老的课题。自人类与海洋开始产生联系，其生活痕迹就不再局限于海平面之上。地壳运动、海平面上升等自然灾害将曾经辉煌的人类古文明淹没海底；无数沉船散落在海洋深处，与之相伴的有瓷器、金币、枪炮、弹药，还有令人唏嘘的生命与灵魂，以及那些被尘封在海水中的故事。这些构成了海洋中一种独特的样态——海洋遗址。

试想一下，如果把海洋的水全部排光，将会有什么意想不到的事物出现？古代城市？不同年代、不同用途、种类繁杂的沉船？各种型号、军事或民用的飞机？抑或是散落的古生物化石？

水下考古作为考古学的一个分支，开启了人类发掘水下遗产的大门。受潜水装备和技术的制约，20 世纪 40 年代之前，人们只能依靠简单的潜水钟进行短暂而浅层的水下活动，直到 1942 年“水下呼吸器”的发明才得以将人类送入更深的水域。其后随着科学技术的迅速发展，深潜设备、水下声呐、浅地层剖面仪、水下机器人、重型吊装等技术相继应用在水下考古领域，那些尘封在海底的故事才得以被发现。

一、海洋城市遗迹

海洋遗迹指因地震活动、火山爆发、海平面上升等自然灾害，被湮灭于海洋的沿海城市或村落。现在经过考古发现并证实的海下遗址虽为数不多，但每一个被发现的遗址都因海底沉积物的包裹，保存了诸多珍贵的历史文物与信息。通过对海底城市遗址的勘查，可以有效追溯久远时代的人类活动，既可用于佐证和填补历史空白，也丰富了海洋文化产业的内容。

譬如，希腊福朗荷提水下古城，经碳 -14 年代测定法测定，遗址时间起于公元前 4 万年左右，止于公元前 5000 年的新石器时代末期，基拉达海湾是迄今为止在地中海东南部发现的最大规模的浅水水下考古遗址。①

牙买加皇家港位于牙买加岛，是 17 世纪后半叶位于中美洲金斯敦港附近的一座城市，也是当时加勒比海地区的航运中心。在那时，皇家港是掠夺者和海盗青睐的避难所，在当时被认为是世界上“最富有和邪恶的”城市，是主要的商业中心。1692 年皇家港遭遇了一场毁灭性的地震，城市面积三分之二的区域沉入加勒比海。灾难过后，在皇家港的基础上建立了金斯敦，即今日牙买加的首都。

基于对人类沿海活动历史和地质变动、自然灾害的推测，有理由相信海下城市或村落遗址远比现在发现的要多。

① 郝际陶 . 探寻水下古城 希腊福朗荷提遗址考古新成果 [J]. 大众考古，2018（9）：20-25.

二、海底沉船

水能载舟，亦能覆舟。自人类利用舟楫在海上航行，就不可避免地面临水上载具的破损与沉没。千载以来，因自然、战争、人为等原因导致的客船、货船、工程船、军舰、潜艇等沉船不计其数，散落于海底的金属、瓷器等种类繁多。发掘古代沉船遗址，对于研究船舶建造技术的变革、了解海上贸易历史和内容、探寻先民海上生活特性都有着极为重要的参考价值。

“南海一号”是我国南宋初期一艘往返于海上丝绸之路航线上的沉船，也是世界上迄今为止发现的年代最早、船体最大、保存最完整的远洋贸易商船沉船。自 1987 年发现至今，对其的考古研究工作从未停止，南海一号发掘采取的整体打捞方案系全球首次。2007 年，残长 22.1 米、最宽处 9.35 米的“南海一号”沉船被整体移至位于广东阳江海陵岛的海上丝绸之路博物馆，全面进入发掘阶段。截至 2019 年，船上物品清理工作进入尾声，出土文物超过 18 万件，其价值不可估算，堪称“中国水下考古之最”。船上出土的文物包括大量的瓷器、钱币、丝绸，还有部分金银铜锡、竹木漆器以及动植物遗存，它将为复原海上丝绸之路的历史、中国航海史、造船史、陶瓷史提供了极为难得的实物资料，甚至可以获得文献和陆上考古无法提供的信息。

除此之外，辽宁绥中三道岗元代沉船，山东蓬莱元、明沉船，浙江宁波古代沉船，福建连江定海湾元、明沉船，福建平潭岛、南日群岛海域沉船，福建泉州湾宋代沉船，西沙群岛海域古代沉船，东沙群岛海域沉船等考古发掘亦填补了我国海洋文化脉络中的空白，同时也见证了中国水下考古事业的迅速崛起。当前，我国水下考古综合能力已由后起者跃升为领跑者，相信在水下考古工作者的努力下，更多海底遗址将被发现与保护，中国海洋文化的宝库也会因此更加丰富与绚烂。

当然，在全球航线上还有许多沉船，它们散落在全球水域，且因海流与泥沙流动早已不在原来沉没的位置。但只要它们依然有残骸存留，就都是人类历史宝贵的记忆。

三、其他遗存

2001 年，联合国教科文组织在第 31 届大会上正式通过了《水下文化遗产保护公约》（以下简称《公约》），这是世界上第一个关于保护水下文化遗产的国际性公约。公约对水下文化遗产进行了明确定义，规定水下文化遗产是指至少 100 年以来，周期性地或连续性地、部分或全部位于水下的，具有文化、历史或考古价值的所有人类生存的遗迹，如遗址、建筑、工艺品、人的遗骸、船只、飞行器，以及有考古价值的环境和自然环境等。

联合国教科文组织在《公约》中指出，水下文化遗产是人类文化遗产的一个组成部分，所有国家都应负起保护水下文化遗产的责任。强调制定《公约》的目的就是要确保和加强对水下文化遗产的保护。为使公众了解、欣赏和保护水下文化遗产，应该鼓励人们以负责的和非闯入的方式对待仍在水下的文化遗产，以对其进行考察或建立档案资料，但这些活动不能妨碍对水下文化遗产的保护和管理，更不能对水下文化遗产进行商业开发。

第四章　海洋文化的载体之海洋精神文化

海洋精神文化指的是人类因与海洋产生联动而衍生出的，可以被归纳、被认识、被传播的思维意识活动的产物。其中有具象的，比如文学、艺术、哲学、民俗、传说等等；也有抽象的，比如语言表达、行为习惯、思维认知等等。人类赋予了海洋精神活动与其他行为同等的意义，就说明海洋精神文化在人类宏观文化体系中不可或缺的份额与地位。

海洋精神文化的凝结与传播，加深了人类对海洋的认识，加强了人类与海洋之间的联系，充实了人类的精神世界，拓宽了人类开发、利用地球资源的视野，丰富了人类智慧的维度。

第一节　海洋文学

海洋文学是以语言为媒介，通过文字来表达人类与海洋相关的思想、情感、观点和意象的艺术形式。它是一种表达和传递人类经验、价值观和文化的媒介。海洋文学作品与其他文学作品一样包括小说、诗歌、戏剧、散文等多种文体，并同样具有艺术性与审美价值。

海洋文学作品丰富多彩，其中有王侯将相的诗篇，有文人墨客的随笔，有文豪名家的著作，有民间轶事的汇总。总的来说是人类对海洋生活中的人物、事件和场景的表达，是对现实社会的看法与思考，承载着人类的历史文化和经验总结，记录了人类海洋生活的现实与想象，反映了不同国家、不同民族、不同时代、不同地域的人类对海洋的认识，以及对海洋朴素而复杂的情感。

一、中国海洋文学作品

中国作为沿海国家，是世界海洋文化序列中的先行者，独特的中华文化底蕴，塑造了独一无二的中国海洋文化价值体系，其中不乏与海洋相关的文学作品，受篇幅制约不能在此一一例举，仅赏析以下几篇。

（一）《山海经》

目前我国最早记录海洋的文学作品当是《山海经》莫属。《山海经》大约成书于春秋末年到汉初这一时期，古代学者认为它是夏禹和伯益所著，但没有确凿的证据。相关研究表明，创作者生活的地域以楚为中心，西到巴蜀，东达齐鲁。《山海经》共 18 篇，虽仅有 31000 多字，却是一部以神话为主体，内容丰富的多学科书籍。书中有关海外奇山异岛、怪物异人的记载是《山海经》中最精彩的部分，其中《五藏山经》简称《山经》，《海外》《海内》《大荒》简称《海经》。《山经》记各方大山水流、鸟兽虫鱼、草木及怪异。《海经》记殊方异国，有三首国、三身国、一臂国、无肠国、小人国、大人国等。全书记述了将近100个神话故事，神灵450多个，如身体像鱼、乘坐双头龙而统治北海的海神禺疆等。它们不仅个个长得奇形怪状，而且都神通广大，有龙身鸟首、马身人面、人面蛇身、三头六臂等。其中，《鲧鱼治水》《精卫填海》等海洋神话传说历来为人们所传诵，《海内北经》《大荒东经》《大荒西经》《大荒南经》则是经典的海洋名篇。

【精卫填海】又北二百里，曰发鸠之山，其上多柘木，有鸟焉，其状如乌，文首，白喙，赤足，名曰精卫，其鸣自詨。是炎帝之少女，名曰女娃。女娃游于东海，溺而不返，故为精卫，常衔西山之木石，以堙于东海。漳水出焉，东流注于河。

这则神话选自《山海经·北山经》，题目是后加的。主要讲述炎帝之女衔木石填东海的动人故事，表现了远古人类与自然抗争的不屈精神。它通过对矢志复仇、不懈填海的精卫的歌颂，表现了先民征服自然、战胜自然的坚定意志。

（二）《观沧海》

《步出夏门行·观沧海》选自《乐府诗集》，《步出夏门行·观沧海》是后人加的，原文是《步出夏门行》中的第一章。这首诗是建安十二年（207年）曹操在北征乌桓得胜回师途中，行军到现河北秦皇岛海边，途经碣石山，登山观海，一时兴起所作。

东临碣石，以观沧海。水何澹澹，山岛竦峙。树木丛生，百草丰茂。秋风萧瑟，洪波涌起。日月之行，若出其中；星汉灿烂，若出其里。幸甚至哉，歌以咏志。

《观沧海》是曹操创作的一首豪放抒情之作，通过对海洋的描绘，展现了诗人的雄心壮志和远大抱负。诗中以简洁明快的语言，描绘了东望碣石、观赏沧海的景象。诗人用寥寥数词，将壮阔的海洋景象展现得淋漓尽致、形象生动，让人感受到海洋的浩瀚和壮丽。诗人将自己的理想与大海相比拟，表达了对事业的追求和对胜利的渴望。诗人将大海比作星汉灿烂的宇宙，将自己的抱负融入其中，表现出自信和豁达的心态。整首诗没有繁复的修辞和华丽的辞藻，以简洁明快的笔触，表现出浑然天成的豪放气概。诗人用简单的词语，描绘出宏大的景象和辽阔的天地，将自然景观与个人感慨融为一体，形成了独特的艺术效果。

《观沧海》充分体现了古代诗歌追求自然真实和豁达豪放的艺术追求。诗人通过对海洋的形象描写，展现了对海洋的崇敬与敬畏之情，也表达了自己豪情壮志的抒发。这首诗的可贵之处是赋予了海洋与人相同甚至超越人类的品格，可以说是中国古代描写海洋的文学作品中的典范。

（三）《浪淘沙·北戴河》

此作品是毛泽东主席于 1954 年在秦皇岛北戴河创作的一首词，展示了无产阶级革命家前无古人的雄伟气魄和汪洋浩瀚的博大胸怀，具有比《观沧海》更鲜明的时代感、更深邃的历史感、更辽阔的宇宙感和更丰富的美学容量。

大雨落幽燕，白浪滔天，秦皇岛外打鱼船。
一片汪洋都不见，知向谁边？
往事越千年，魏武挥鞭，东临碣石有遗篇。
萧瑟秋风今又是，换了人间。

这首词一开始就给人们展现出雄浑壮阔的自然景观。“大雨落幽燕”一句排空而来，给人以雨声如鼓势如箭的感觉；继之以“白浪滔天”，更增气势，写出浪声如雷形如山的汹涌澎湃，“大雨”“白浪”，一飞落，一腾起，相触相激，更兼风声如吼，翻云扫雨，推波助澜，真是声形并茂气象磅礴。下阕先发思古之幽情，以一句“往事越千年”倒转时空，展现历史的画面。“魏武挥鞭，东临碣石有遗篇”对应曹操《观沧海》的诗篇，思想和时空跨度极大，有现实、有古情、有表达、有呼应，可以说是同样一片海洋见证了中华历史的演进与发展，只不过物是人非、今非昔比，“换了人间”。古今两代伟人隔空呼应，借海抒情，以海洋的相对恒定对比人类历史的运动与发展，意味深长、字字珠玑，表现出了中国文化对海洋的想象与传承。

除此之外，我国还有大量的海洋文学作品，如《哪吒闹海》《八仙过海》《张生煮海》《三宝太监下西洋记》《海燕》《海上的日出》等等，相关律诗词曲、歌赋杂剧、小说散文、影视作品种类繁多，不胜枚举。虽然我国海洋文学作品体量极大、形式多样，但其所传递的价值观念、道德准则均在中华优秀传统文化的框架体系之内，倡导和弘扬“仁义礼智信”等基本行为准则，充分体现出了中华优秀传统文化的积极性、包容性与创新性。

二、西方海洋文学作品

谈及海洋文化，总也绕不过地中海，那片面积为 251 万平方千米的内陆海。亚平宁半岛、巴尔干半岛、小亚细亚半岛、非洲北海岸、伊比利亚半岛、斯堪的纳维亚半岛等环绕着它发生了许多流传至今的故事。地中海所孕育的文化、制度与思想深刻影响了欧洲、美洲以及其相关地域。

海洋一直是人类探索、冒险和贸易的重要舞台，也是带来繁荣和进步的关键因素。海洋为人类提供了丰富的资源，例如鱼类、贝壳、珊瑚、海盐等，这些资源对于满足人类的食物、交通和工业需求起着至关重要的作用。海洋是重要的交通通道和贸易航线，人们通过海洋进行贸易和文化交流，海洋连接着不同的文明和国家。海洋贸易带来了繁荣和富裕，也促进了不同地区之间的相互了解和融合。然而，海洋也是充满危险的地方。海上恶劣的天气，考验着冒险家们的勇气和智慧。由此也衍生出许多以海洋为背景的文学作品，以记录那些奇闻轶事和英雄壮举，并借此表达对海洋的敬畏与直面未知的勇气。

（一）《航海家辛巴达》

《航海家辛巴达》是阿拉伯民间故事集《一千零一夜》（又称《阿拉伯的一千零一夜》）中的一部分，也是其中最著名的故事之一。辛巴达是故事的主人公，他是一位来自巴格达的富有的商人。这个故事讲述了他七次航海的冒险经历。在辛巴达的七次航海中，他遇到了各种各样的奇遇和挑战。他遭遇了风暴、海怪、海盗和神秘的岛屿，也见识了各种神奇的事物。每一次航海都有不同的冒险和考验，但辛巴达凭借智慧、勇气和运气，最终成功地克服了所有的困难，回到了家乡。辛巴达航海的故事充满了惊险刺激和奇幻色彩，它向读者展现了一个神秘而奇妙的海洋世界，也反映了人类对未知世界的好奇心和对冒险的渴望。这个故事深受读者喜爱，成为阿拉伯民间文学中的经典之作，并被传颂至今。

（二）《鲁滨逊漂流记》

《鲁滨逊漂流记》是英国小说家丹尼尔·笛福于 1719 年出版的英国第一部现实主义长篇小说。讲述了一位海难的幸存者鲁滨逊在一个偏僻荒凉的热带小岛——特立尼达拉岛上度过 28 年的故事。故事以大海为背景，主人公不甘于生活的平静，希望通过航海历练自己和丰富生活。《鲁滨逊漂流记》中的海洋意象不仅仅是作品中的背景，它还承载着多重意义和象征。在作品中，大海象征着冒险、自由、自我突破和征服。鲁滨逊对大海的向往表现了他对冒险的渴望和对自由的追求，他愿意放弃安逸的生活，冒险探索未知的世界。海洋也象征着鲁滨逊的内心世界，他在海上的经历让他有更多的时间进行自我反省和成长，实现了自己的人生价值。然而，海洋也象征着挑战和困难。鲁滨逊在航海中遭遇了风浪和海难，但他从未放弃，不断突破自己，展现了坚强的意志和勇气。海洋对他来说既是机遇，也是考验。通过征服海洋，鲁滨逊展现了自己的勇敢和智慧，实现了自我突破和成长。在小说的发展过程中，海洋的象征意义也发生了变化。一开始，海洋象征着自由和冒险的梦想，后来在岛上被困时，海洋又象征着困境和失去自由，但最终通过鲁滨逊的努力，海洋再次变成他征服的对象，他利用海洋上的资源建立了自己的事业，实现了自主的生活。总的来说，《鲁滨逊漂流记》中的海洋意象丰富多彩，不仅是作品的背景，更是主人公内心世界和成长历程的象征。它通过对海洋的描写和描述，展现了人与自然、人与命运之间的复杂关系，表现了人类追求冒险、自由和自我突破的精神。

（三）《海底两万里》

《海底两万里》是法国作家儒勒·凡尔纳创作的长篇小说，与《格兰特船长的儿女》和《神秘岛》并称为“凡尔纳三部曲”。在小说里，凡尔纳借尼摩船长（其原型是印度达卡王子）之口表达了对海洋的赞美和热爱：“我爱大海！大海就是一切！它覆盖着地球的十分之七，大海呼出的气清洁、健康。大海广阔无垠，人在这里不会孤独，因为他感觉得到周围涌动着的生命。大海是一种超自然而又神奇的生命载体，他是运动，是爱，像一位诗人所说的，是无垠的生命。可以说，地球上最先形成的是海洋，谁知道当地球消失的时候最后剩下的会不会还是海洋呢！大海就是至高无上的宁静。”

《海底两万里》是一部融合科幻元素的经典小说，科学性是其独有的特征之一。小说中的主人公，鹦鹉螺号的船长尼摩，被描绘成一位天才的科学家，他利用各种科学知识设计和制造了这艘神奇的潜艇。鹦鹉螺号具有坚硬如铁的双层艇体，以及强大的机械动力，这使得它不必担心爆炸、火灾、碰撞和解体等问题，极大增强了它的安全性。其巧妙设计让它能够以每小时五十海里的速度航行，无论是在狂风暴雨的海面还是压力极强的海底，鹦鹉螺号都能自如穿梭，不受任何影响。这些科学细节和设定使得小说在当时被认为是一部科学幻想的杰作。值得一提的是，在现实世界中，1954年美国制造了世界上第一艘核动力潜艇，并将其命名为“鹦鹉螺号”。这艘潜艇的命名或许是对《海底两万里》中尼摩船长和他创造的鹦鹉螺号的致敬，同时也反映了小说对科学和技术的先见之明。《海底两万里》以其科学性、奇思妙想的设定和富有想象力的故事情节，成为科幻文学的经典之作，同时也为现实世界的科技发展提供了一定的启示和影响。

凡尔纳创作《海底两万里》的灵感来源于波兰人民反对沙皇独裁统治的起义遭到残酷镇压。这个历史事件深深触动了凡尔纳，激发了他对社会不公和专制统治的强烈反感。在小说中，他通过塑造尼摩船长这一形象，表达了对社会现实的批判和对人道主义的追求。尼摩船长是一个高大的反抗者，他拥有强烈的社会责任感和反对压迫的热情。他以自己的行动反映了对不公和专制统治的愤怒，并决心用自己的力量来改变这个不公的世界。通过尼摩船长，凡尔纳向读者展示了一个坚持正义和人道的英雄形象，传递了他对自由和平等的追求。《海底两万里》不仅是一部科幻小说，更是凡尔纳对当时社会现实的反思和对人道主义价值的呼唤。在小说中，他通过尼摩船长的故事，探讨了自由、平等、反压迫等普遍受关注的主题，希望唤起读者对社会不公的关注和改变。这部小说的出版引起了广泛的反响，尼摩船长这个形象也成为凡尔纳作品中最为著名和具有代表性的角色之一。

除此之外，威廉·莎士比亚的《暴风雨》、塞缪尔·泰勒·柯勒律治的《古舟子之咏》、罗伯特·迈克尔·巴兰坦的《珊瑚岛》、约瑟夫·鲁德亚德·吉卜林的《勇敢的船长》、约翰·班维尔的《大海》、赫尔曼·梅尔维尔的《白鲸》、蕾切尔·卡逊的《海洋三部曲——环绕我们的海洋》等作品均堪称西方海洋文学中的经典。

第二节 海洋艺术

海洋艺术是以海洋为主题或灵感来源的各种形式的艺术创作，包括绘画、音乐、舞蹈和雕塑等多种艺术表现手段。它通过不同的艺术形式来表达对海洋的情感、观察和理解，展现海洋的美丽、神秘和壮阔，同时主创者也会把对社会现实的理解与愿望融入艺术作品中，以表达其独特的思想内涵。

一、海洋绘画

（一）中国海洋主题绘画作品

（1）《丹山瀛海图》是元代著名山水画家王蒙创作的一幅描绘中国东海蓬瀛诸岛的名作。画面呈现了一望无际的东海，蓬瀛诸岛宛如群仙聚集在怀中。海面上几只帆船渐行渐远，朦胧中的岛屿群峰重叠，绿松挺拔。岛与岛之间相连着长桥，一位模糊的身影骑马从桥上经过，侍童挑着担子随行。在这仙境般的画面中，山海水墨交融，展现了浩渺壮美的自然景色。

王蒙在绘制《丹山瀛海图》时，运用了夹叶、勾叶、点叶等画法，勾勒出一片意境开阔的绮丽景色。他继承了董源的绘画技巧，使得山峦树木生动有致，充满荣茂之意。画面细节繁缛而灵活，是王蒙的集大成之作。在这幅画中，王蒙用细腻的笔墨勾勒出东海的壮阔和蓬瀛诸岛的神秘，使观者仿佛身临其境，感受到仙境与凡间的美妙交融。画面中的景色和氛围，唤起了人们对逍遥与惬意生活的向往。

（2）《海屋沾筹图》为清代画家袁江所作的一幅山水中国画。描述了传说中的“海屋沾筹”场景，将一群人畅饮大醉的景象描绘得生动有趣。在浩瀚的大海之滨，楼台上众人举杯畅饮，甚至连喝酒的筹码都被海水沾湿。眼前的景色宏伟壮观，滚滚浪涛仿佛从天上倾泻而下，远处山川交错，海浪波涛汹涌。画面中央是一座楼阁，被碧松环抱，屹立在山间平台上，俯瞰着呼啸而过的浪涛，欢迎着前来赋诗作画的文人墨客。画家袁江运用细腻的笔墨，将石壁描绘得坚硬有力，楼阁的构架清晰可见，山石树木精细而雅逸，体现出画家高超的绘画技巧。画面表现出一幅壮丽的山海图景。

（二）国外海洋主题绘画作品

（1）日本《神奈川冲浪里》是日本浮世绘画家葛饰北斋创作的木刻版画，出版于1831年至1833年间，是富岳三十六景系列作品之一。该画以富士山为背景，描绘了“神奈川冲”（即神奈川外海）的巨浪掀卷着渔船，船工们为了生存而努力抗争的景像。卷起的浪花象征自然界的澎湃力量，让人感受到对自然的敬畏崇拜，体现出日本人对海洋的深厚情感。

（2）荷兰《加利利海上的风暴》是17世纪著名荷兰画家伦勃朗的作品，描绘了耶稣与门徒在加利利海的风暴中航行时，耶稣将平息风暴的海难情景。

（3）法国《美杜莎之筏》是法国浪漫主义画家泰奥多尔·籍里柯（1791—1824）在1818—1819年间创作的油画，描绘了法国海军的巡防舰美杜莎号沉没之后幸存者的求生场面，这场海难发生于1816年7月2日毛里塔尼亚附近的海域，幸存者们在海上漂流了13日后，仅余15人生还。

这幅画的画面主要是以两个金字塔来构图。帆、桅杆及其周边是第一个金字塔，这个金字塔的底部包括几具尸体和坐着的人，桅杆撑起了金字塔的顶。站在木桶上面呼救的黑人是第二个金字塔的顶，这个金字塔的底部基本同第一个金字塔的底部重叠，这个黑人周边的人的手伸向他，引导观众视线集中到这个黑人身上，黑人挥巾求救的部分令画面情绪达到顶峰，表达出一种悲剧感。在色彩上，籍里柯运用了颜色对比，尸体的肤色比较苍白，而活人的衣服、云彩、海的色彩总体比较阴暗。总体而言，这幅画的基调偏暗，主要运用了棕色等深色，从而表现出悲剧感。

二、海洋音乐

音乐是人类对生活最极致的总结与表达形式之一，它贯穿了人类的历史和社会，反映着人们的价值观、信仰和情感。不同的音乐风格和曲目反映了不同的文化背景和传统。音乐承载着民族、地区和历史的特点，是文化传承的一种重要形式。许多音乐作品蕴含着深刻的思想和哲理，它们反映着人类对生活、自然、人性和宇宙等问题的思考和认知，也可以启发人们思考人生的意义和价值，引导人们追求真善美、追求精神的升华。

（一）中国海洋主题音乐作品

历史上的东南沿海是中国海事活动最活跃的区域，宋元时期的泉州是中国海洋文化的璀璨明珠，尤其是疍民文化对大海的歌颂与传唱反映了疍民对海洋的认知及态度，展现了疍民开放进取、不畏艰难的精神面貌，具有极其丰厚的海洋文化内涵。

疍民是学者对中国南方大江、近海水上居民的统称。他们终生生活在船上，有许多独有习俗，是相对独立的族群。现代疍民被媒体称为“江上吉普赛人”“水上自由民”。疍民自古生活在江河湖海间，自唐朝起从两广、福建沿海迁徙至海南，沿海地区特有的地理生态、气候环境使得疍家人的生产生活多带有“海”的印记，反映在疍歌中，就出现了如“海”“浪”“鱼”“船”“艇”等大量富有海洋文化色彩的典型物象。

以一首传唱于三亚港的《白啰》为例：“乜鱼出世是大嘴，乜鱼出世跳高水，乜鱼出世喷墨水，乜鱼软身又尖嘴。鲨鱼生来是大嘴，西鱼生来跳高水，墨鱼生来喷墨水，占石占泥是辣追。乜鱼海底会叫嘈，乜鱼出水会跳游，乜鱼出水能打雾，乜鱼下锅换红袍。鲈姑划鱼海底嘈，虾仔出水会跳游。海蛇出水能打雾，虾蟹下锅换红袍。”白啰调作为疍歌的主要曲调之一，多以眼前景物为内容即兴演唱。这一段歌词中出现的鲨鱼、墨鱼、海蛇、虾蟹、辣追（海鳗）、西鱼（飞鱼）等正是疍民出海经常遇到的海洋生物。疍歌代代相传、口口相授，以我口述我心，即兴而歌，既是个体的生命表达，也是族群的历史记忆，更是对疍民长期浮生江海凝聚而成的生产经验与生活智慧的表述与传递，蕴含着丰富的海洋文化，具有重要的文化遗产价值。①

除此之外，山东渔民号子、闽南歌谣、泉州歌谣、厦门歌谣中也有许多与大海相关的劳动歌、生活歌、时政歌、情歌、童谣等作品。到近代以来，以海洋为背景的音乐作品更是层出不穷。如歌曲《大海啊，故乡》《大海》《军港之夜》《大海航行靠舵手》，钢琴作品《水草舞》，芭蕾舞作品《鱼美人》，歌剧作品《红珊瑚》等。

（二）国外海洋主题音乐作品

（1）《海上孤舟》是法国莫里斯·拉威尔的一首音乐作品，是其钢琴套曲《镜》中的一首，是拉威尔《镜》这部套曲中最长、技术要求极高的一部作品，也是迄今为止最能唤起人们回忆的海洋音乐作品之一。乐曲一开始就是主题部分，它的主题旋律有很强的连续性与连贯性，在双音节和复节奏之间自然变化时，具有很强的内在的流动性，是整个乐章跳动的音乐胚芽。连续不断的琴音就像是大海上的绵绵不绝的涟漪，使人的脑海中浮现出海浪轻轻地来回摇晃着小船的场景。②

（2）法国音乐作品《大海》是德彪西艺术成熟期的代表作之一，也是他管弦乐作品中登峰造极的一部。作品从 1903 年开始创作，成曲于 1905 年，是德彪西创作的管弦乐作品中篇幅最长的一部。交响素描《大海》由三首有着内在紧密联系的乐章组成，它们从三个侧面描绘了大海在不同时间，不同状态下的景致，充满着光辉和魅力。德彪西终生对海洋怀有圣洁的虔敬之情，他常在日记和

---

① 胡冬智 . 疍歌中的海洋文化 [N]. 中国社会科学报，2022-11-02（011）.

② 卜童 . 拉威尔钢琴套曲《镜》之“海上孤舟”演奏分析 [D]. 济南：山东师范大学，2020.

给朋友的书信中表达着他对海洋的热爱和赞美。《大海》的第一乐章“海上——从黎明到中午”像是一幅生动的海上日出图，第二乐章“浪花的嬉戏”则利用音色的多重变化体现出海浪的灵动与活跃，第三乐章“风与海的对话”由一段充满不安、气氛压抑的旋律拉开序幕，风与海的对话似乎并不友好，狂风搅动了大海的和谐与平静，而深邃的大海也以澎湃汹涌的怒涛回应着来者不善的狂风，这场对话势均力敌。波澜壮阔的音乐画面把作品带向了高潮。

（3）《漂泊的荷兰人》是德国浪漫主义时期德国作曲家、指挥家理查德·瓦格纳的经典歌剧，是瓦格纳艺术开始走向成熟时期的第一部歌剧代表作，也是他向“乐剧”迈出的第一步。瓦格纳根据自己在海上遭遇暴风雨的真实经历并结合流传已久的北欧传说，创作出了这部波澜壮阔的浪漫主义神话史诗作品。整部音乐作品中舞美与交响乐交相呼应，逼真地表现出大海上波涛汹涌、狂风肆虐的场面，结合着大气磅礴的音乐，散发出一种超自然的力量，使观众能够身临其境地感受到荷兰人那天涯孤旅漂泊的凄惶、永无故乡的绝望，以及最终经受纯洁爱情救赎后一切动荡与苦难烟消云散的悲悯与平静。

海洋主题音乐的作品可以说是浩如烟海，沿海居民通过各种音乐形式表达了对于大海的认知与理解，并赋予其拟人化的性格与品质，也通过音乐作品传承知识、记录历史和表达希冀，是海洋文化不可或缺的具象载体之一。

三、海洋造像

雕塑是一种造型艺术，通过雕刻或塑造的方式创造出立体的艺术品。它是人类最古老的艺术形式之一，可以追溯到史前时代。最早的雕塑作品是以石头、骨头、木头等天然材料雕刻而成，后来随着人类文明的发展，出现了更多材料如金属、陶瓷、玻璃等的雕塑作品。雕塑有广泛的表现形式，可以是人物、动物、植物等具体形象，也可以是抽象的形式。它可以用于纪念、祭祀、装饰、表达思想、展示美学价值等多种目的。在历史上，雕塑曾经在不同文明和时代中发展出独特的风格和表现手法。

海洋造像主要是指以海洋生物、海洋景观、涉海人物、涉海器物等为题材的雕塑或雕像。如：海豚、鲸鱼、海龟、海星、珊瑚等海洋生物的雕塑，这些雕像常常栩栩如生，展现出海洋生物的美丽和神奇；海浪、浪花、海岸线等海洋景观的雕塑则通过艺术手法捕捉了海洋的动态与美感；多种类型的船舶，如帆船、渔船、潜艇等的雕塑反映了人类与海洋的紧密联系；航海家、船长、水手等航海人物的雕塑展示了航海历史中的英雄和传奇；妈祖、龙王、波塞冬、尼普顿等海神雕塑通常带有神秘的气息，象征人类对大海力量的渴望与想象。

四、图腾神话

（一）鱼图腾文化

图腾是早期人类氏族社会产生的标志，它在人类文化中扮演着重要的角色。作为一种象征，图腾代表着氏族或部落的共同起源，以及他们对生命和自然的认知和崇拜。图腾在早期人类社会中是一种重要的社会象征和信仰体系，它体现了人类对宇宙和生命的探索和理解。

早期的图腾往往是与自然界中的动物、植物或其他自然现象相关联的符号。人们将这些自然元素视为神圣的存在，相信它们拥有超自然的力量和保护作用。通过对图腾的崇拜，早期人类试图与自然界建立联系，寻求保护和指引。随着时间的推移，人类的思维模式逐渐从泛神灵崇拜的感性思维转变为更加抽象的思维模式。图腾作为一种象征和信仰，也在某种程度上反映了人类的认知和思维的演进。尽管早期的图腾没有现代哲学和科学的抽象思维模式那么复杂和系统化，但它们仍然是人类文化发展的重要里程碑。图腾的产生和发展不仅是人类文化的一部分，也是人类社会和思维模式的历史见证。它代表着早期人类对生命和宇宙的探索和理解，是一种具有深刻意义的文化现象。

在中国，鱼图腾文化有着悠久的历史与深刻的文化内涵，并随着历史的演进不断发展和丰富。原始社会时期，沿海而居、择水而临的先民把鱼作为大自然与神明的馈赠，既好奇它们的由来，也羡慕它们具有的人所不具备的能力，更依赖于它们的丰富使得人类有足够的食物。由此，鱼作为人类最早接触和依赖的自然食物便融入了中国文化的范畴。鱼图腾就是半坡氏族时期的标志，在这一时期出土的器物中，较多地描绘着鱼纹或人面鱼纹，这些图案都较为直接地展现了人鱼混血、合体、同源和互感的图腾意识。新石器时代的彩陶上有两鱼追逐图形和纺轮旋转图形，雄鱼和雌鱼与中国原始的阴阳观念相结合，体现了生命的生生不息和祥瑞吉兆。在商代出土的甲骨文中，就有了“鱼”形文字的出现，在青铜铭文中也有很多鱼形文字。古人有“鱼素”之称，俗传是用绢帛写信装在鱼腹中传递信息。汉代《饮马长城窟行》诗云：“客从远方来，遗我双鲤鱼。呼儿烹鲤鱼，中有尺素书。”①

随着农业逐渐发达，鱼从主食演变为副食，并作为美好的寓意或族群特征显现，同时也被逐渐抽象为一种文化概念烙刻在中华民

① 叶庭孜 . 浅析中国鱼图腾文化的演进 [J]. 今古文创，2022（33）：86-88.

族的基因之中，与鱼相关的语言表达涵盖了中华民族传统文化的各个层面。例如表达氛围与环境的鱼米之乡、鱼水相懽、如鱼得水、鱼游沸釜 、鱼龙混杂，具有哲学思考的临渊羡鱼、鹿鹿鱼鱼、缘木求鱼、水至清则无鱼、为渊驱鱼 、太公钓鱼愿者上钩，与日常生活相关的人为刀俎我为鱼肉、鱼肠雁足、沉鱼落雁 、鱼水之情，等等。鱼的形象与寓意从一种客观存在的食物发展为被崇拜对象，进而演绎出具有多种形态且适用多种场景的文化元素，足可以说明“鱼图腾”在中华文化中的地位与重要性。

（二）海洋神话传说

神话传说是人类对客观世界产生疑问且试图进行逻辑自洽的思想活动的产物。它通过口传心授、文学演绎、艺术造像等各种形式传播，并根据时间、空间与受众变换动态调整。它反映的是人类试图解释、驾驭自然现象与力量的愿望。

一方水土养一方人，同样的道理，一方水土有一方的神。在一神教出现之前，每个国家、每个民族、每个部落，甚至每个人都有一个自己的“神”，或者说在泛神年代中，每一种自然现象、每一个客观存在都有可能存在着一个“神”。山有山神、水有水神、河有河神、树有树神，风有风神、雷有雷神、雨有雨神。随着人类知识储备和对世界的认识不断充实，单一的神已经难以满足人类的想象，于是神的谱系就如同人类一样有了格位、有了制度、有了分工、有了约束，有了对错、有了矛盾、有了战争、有了情绪，同时神的形象越来越清晰，故事越来越丰富，神话产生了，并通过各种形式流传下来，直至今日。

海洋神话传说则是人类在与海洋进行互动时，对海洋元素、海洋现象朴素的认识与解释。其内容是一个民族、地区或国家的宝贵精神财富，是对信史有益的启示与补充，对研究民族文化、区域特征、历史事件具有特殊的价值与意义。

1. 伏波神的传说

伏波神崇拜是岭南地区一种历史悠久的神灵信仰，崇奉伏波神的庙宇“从粤北到海南，从桂北到北部湾”都有着广泛分布。岭南地区独特的人文地理环境，是伏波信仰产生的重要原因。岭南介于山海之间，沿海海岸线长约 5000 千米，北枕五岭，南临大海，在这样一个相对封闭和开放的地理区位下，形成了极其富有地域特色的民族文化。

仅从伏波神的名称上就不难看出这尊神祇与水有关，取“降伏波涛”的寓意。岭南自古为百越之地，越人临水而居、靠水而生，既喜水又惧水。喜之因其可提供舟楫之便、鱼盐之利，惧之则因其风高浪急、海水无常。“伏波”名号体现了老百姓迫切需要战胜自然灾害的力量，符合当地人们的求实心理；“伏波”名号，迎合了人们幻想能有神灵来保护他们水上商旅、贸易的安全的愿望，特别是偶尔他们化险为夷，并与一些自然现象产生巧合之时，更使他们认为是伏波将军前来救护。于是，伏波大神便应运产生了。伏波神与其他神祇稍有不同，有双位伏波。一位是西汉时期武帝将领路博德，曾于公元前 111 年以伏波将军的身份与楼船将军杨仆等进击岭南，相比杨仆而言路博德宽仁德厚，赢得了当地人的赞赏与尊敬，“粤人立祠祀之，后并祀马伏波焉”[①]；另一位为东汉马援，公元 43 年马援平定了南越的二征叛乱，有功于南越，《粤中见闻》记载：“伏波神，为汉新息侯马援。侯有大功德于越，越人祀之于海康、徐闻，以侯治琼海也。又祀之于横州。以侯治乌蛮大滩也。”[②]

---

① 范晔．后汉书·卷二十四 马援列传 [M]．北京：中华书局，1962．

② 范端．粤中见闻 [M]. 广州：广东高等教育出版社，1988．

苏轼说："汉有两伏波，皆有功德于岭南之民，前伏波，邳离路侯也；后伏波，新息马侯也。南越自三代不能有，秦虽远通置吏，旋复为夷。邳离始伐灭其国，开九郡，然至东汉，二女子侧、贰反，海南震动六十余城。时世祖初平天下，民劳厌兵，方毕玉关，谢西域，况南荒何足以辱王师？非新息苦战，则九郡左衽至今矣。由此论之，两伏波庙食于岭南，均也。古今所传，莫能定于一。"[①] 根据以上分析，我们可以得知进军岭南和平乱有功的西汉伏波将军路博德、东汉伏波将军马援被列入了水神之列，之后伏波神逐渐发展为护佑人们出海乘船的航行之神。

唐代诗人刘禹锡旅寓越南之时，就曾作有《经伏波神祠》一诗，诗为：

蒙蒙篁竹下，有路上壶头。汉垒麏鼯斗，蛮溪雾雨愁。

怀人敬遗像，阅世指东流。自负霸王略，安知恩泽侯。

乡园辞石柱，筋力尽炎洲。一以功名累，翻思马少游。

伏波神信众不仅集中在东南沿海地区，在越南也有传承。每逢初一、十五、新年、清明，大批的善男信女到庙中祭拜。伏波庙会期间，尤其在伏波神的正诞之日，祭拜活动更是达到高潮，祭拜活动非常隆重。

2. 妈祖文化现象

"妈祖"是一位发祥于宋代福建莆田地区的航海保护女神。在官方及其文献记载中被称"天妃""天后"，在闽南民间被称为"妈祖"，在闽北民间又被称为"娘妈"。

妈祖目前已经不单纯是一尊被信众所供奉的神祇，而是发展成为一种覆盖国内外的具有完整体系的文化现象。据《2020 妈祖文化和旅游国际传播影响力传播报告》统计，妈祖庙宇分布至日本、朝

① 苏轼. 苏东坡全集：下 [M]. 北京：中国书店，1986.

鲜、马来西亚、新加坡、越南、菲律宾、泰国、印尼、柬埔寨、缅甸、文莱、印度、美国、法国、丹麦、巴西、阿根廷等46个国家和地区，共有上万座从湄洲祖庙分灵的妈祖庙，有2亿多人信仰妈祖。

妈祖的出身，大致有这样几种意见：（1）"湄洲林氏女"说。该说法认为妈祖是湄洲岛上一普通渔女，姓林，长大后在乡里为巫。她在《天妃显圣录》中的名"默"系后人补加和附会。因为在古代男权社会里，出身低微的女性是不可能留名于史的。（2）"巡检之女"说。该说法认为妈祖是宋初巡检林愿之府的一个"小姐"，不可能是女巫。（3）巫女说。该说法一是因为在妈祖信仰传播初期，多以"巫"者形象出现。二是在一些古代典籍中，留有对妈祖起源于"巫"的记载。如：宋代黄岩孙在其著作《仙溪志》中描述："顺济庙，本湄州林氏女，为巫，能知人祸福，殁而人祠之，航海者有祷必应。"（4）"疍民之后"说。疍民是对中国沿海地区一支在水上生活的渔民群体统称，主要分布在东南沿海，世代耕海为生，不在陆上置业，因海事凶险故信仰海神以保平安。该说法认为疍民与妈祖信仰在地域上高度重合，被其奉为本土神明。

妈祖由人发展成神的过程及缘由，学术界有诸多研究和考证，我们且引用其中被广泛认同的观点，仅做普及与介绍之用。

妈祖其人，生前是一位"里中巫"。据李献璋先生研究，"发祥当初，妈祖似乎只是地方上的一种巫祀"。她死后据说成神，并于北宋丙寅年（1086年）在莆田宁海圣墩开显，乡人为之立祠——神女祠，由人成神。此后，民间私自奉祀的妈祖信仰便发展起来。

宣和五年（1123年）八月，妈祖被北宋朝廷正式册封为航海保护神之一。这是因为给事中路允迪在出使高丽途中遭遇大风浪，认为座舟蒙妈祖等神祇庇佑才得以安济，妈祖护使有功，于是朝廷赐其圣墩祖庙"顺济"庙额。此后妈祖被正式列为国家"正神"并走出莆田一隅向南北方传播。元代，漕粮北运，海运成为关系国计民生的大事，航海守护神妈祖被加封为“天妃”，妈祖信仰沿着海运线向北方的山东沿海及其以北地区传播。明代，因东南沿海商贸活动、移民以及郑和下西洋等多重因素，妈祖文化向东南亚传播。清代，因经济、军事、政治等原因导致的海洋活动复兴，妈祖代表国家信仰抵制西方宗教入侵，截至光绪元年（1875 年），妈祖封号累至 64 字，成为地位最高的女神。

20 世纪 80 年代，联合国有关机构授予妈祖“和平女神”称号。2009 年 9 月 30 日，妈祖信俗被联合国教科文组织正式列入人类非物质文化遗产，成为中国首个信俗类世界遗产。妈祖文化是民间交流的天然平台和民心相通的重要纽带，也是连接“海上丝绸之路”沿线国家重要的文化纽带。妈祖信仰从莆田走向世界，已成为跨越国界的国际性信仰。

中国作为海洋古国和海洋大国，与海相关的诸神诸事浩如烟海，例如：船神孟公孟姥、盐神夙沙氏、鱼神陈乌梅、四海龙王（东海龙王敖广、西海龙王敖闰、南海龙王敖钦、北海龙王敖顺）、南海观世音等。在此仅以三两示例作引子。

第三节　海洋习俗

自人类决定在沿海地区定居，并逐渐形成群体、部落、民族、城邦和国家时，其血脉中就已经烙刻上了海洋的元素。适应海风的先民能够通过辨别空气中大海的味道判断潮水的变化；较之在陆地上欣赏风和日丽、高山秀水，他们更享受与风浪搏击时的刺激与快感；当内陆族群为了一方小城兵戎相见、血流成河时，海上的人们却发现世界无垠。沿海而居的人们，逐渐形成了与农业文明风格迥异的生活风俗、思想认知、语言表达、服帽样式、饮食习惯，甚至告别这个世界也有着特有的表达形式。

海洋习俗是一个宏观的表述，也是一项内容繁杂的命题。若想把每一个领域、每一种形式都纳入这一个小的章节未免力有不逮，因此也只能拣择其中与我们生活关联密切并容易引发共鸣的若干项目予以介绍，借此达到启发思路的目的。

一、语言表达

语言是人类表达情感与认知最直接也是最核心的工具。在此我们并不去探讨不同语种与地缘之间的关系，毕竟语言的起源、发展与演进是一项极其复杂的系统，仅就语言所承载的海洋元素来看，便可以辨别海洋文明与其他文明之间的迥异。

在中国，成语是中华民族传统文化的一大特色，多为四字，也有五字至七字，大多数成语是由古代发端并传承至今的。一般每一条成语都承载着一个典故或故事，其本身具有高度的凝练性与表达性，是能够反映中华民族文化底蕴、民族性格、哲学思想的独特形式。比如形容海洋空间的有九州四海、五湖四海、海角天涯；形容海洋形态的有一望无际、波澜壮阔、波涛汹涌、翻江倒海；形容海洋哲学思考的有沧海横流、沧海桑田、海誓山盟、海枯石烂、苦海无边，回头是岸；描写海洋性格的有海纳百川、宽洪海量；等等。

在国外，以大海为背景的俗语、谚语、俚语等如过江之鲫且各有特色，充分反映了沿海居民对大海的情感。

英国是名副其实的海洋国家，当地居民与航海家们就留下了许多跟大海相关的谚语。比如：“Rats desert a sinking ship.”（船沉老鼠跑），意思是当组织失败或陷入困境时，个人会放弃它来保护自己或自己的利益。这意味着人们将离开失败或注定要失败的组织，就像老鼠离开沉入水中的船一样。“In calm water, every ship has a good captain.”（在平静海面上，每艘船都有好船长）意为在海面平静的时候，每个船只都有一个优秀的船长，暗示在逆境中才能看出真正的领导者。

“He who is afraid of the sea will never see new lands.”（害怕大海的人永远不会看到新的陆地）是葡萄牙谚语，意为害怕冒险和挑战的人永远无法获得新的机遇和成就。

“Navigare necesse est, vivere non est necesse.”（航行是必要的，生活是不必要的）记载于古罗马历史学家普鲁塔克的《庞培生平》一书，讲述的是庞培在面对恶劣天气下不愿出海的船员时，鼓舞大家面对困难要勇往直前，后被广泛应用。“El mar da, el mar quita.”（海洋给予，海洋收回）是一句西班牙谚语，形容大海向人类馈赠丰富物产和坚韧精神的同时，人类也要时刻保持对海洋的谦卑与尊重，否则就会失去所得到的一切。

二、生活生产

地域环境是人们生活生产方式形成的决定因素之首。草原人放牧，中原人耕地狩猎，濒临江河湖海的人则捕鱼养殖，其生产工具、主食副食、作息时令，以及对自然规律的认识与把握也必然不甚相同。临海而居的先民依托海洋资源，通过长期实践总结出适应本地区、本群体的生活方式与生产工具。在相对闭塞的年代，沿海地区与其他地区的人们在衣食住行等方面的差异相对明显，随着全球化交流越发深入，其特征逐渐淡化。

（一）服装服饰

在衣着原料和制作方面，适应劳动环境与海上作业是优先选项。如《台州民俗志》中有所记载，其文曰："玉环渔民常年在海上生产，风高浪大，但他们自有一套抗风斗浪的'宝衣'。这宝衣的上衣叫大襟衫，布料为龙头细布或白帆布，经久耐磨。大襟衫，是一种大襟左衽的对襟外衣，衣襟向左开式，避免右手对风时与网纲、绲线相勾缠。"同时，为了耐风吹日晒和海水浸蚀，此衫在制作后，放在盛满薯莨根皮（即为栲）煎煮的大锅汁液中熬煮，至色呈深褚色时，捞起晒干则成，俗称"栲汁衣"，又称"栲衫"。这就是说，"栲衫"服式的形成，不论是制作方式，还是款式特征都由海洋性环境所决定。

在中国黑龙江省有一个至今保持用鱼皮制衣的少数民族，那就是赫哲族。赫哲族人民居住在黑龙江流域，这里的水利资源丰富多样，鱼类资源非常丰富。为了适应寒冷的气候和水域环境，赫哲族人发展出了将鱼皮加工成衣物的技术。制作"鱼皮衣"需要经过多道工序。首先，他们会选择新鲜的鱼皮，然后将鱼皮剥下来并清洗干净。接下来，他们会将鱼皮进行腌制，使用特殊的方法使其变得柔软耐用。最后，他们会将鱼皮进行剪裁和缝制，制作成各种款式的衣物，如上衣、裤子等。

沿海族群的服装千姿百态，体现了海上作业的特点，中外渔民或船员工作服一般具有防水、防风、防晒、抗腐蚀、有可调节的领口袖口裤口、颜色鲜艳等特征。在修饰配物方面，沿海居民习惯把海洋生物造型的图案纹于身上，有图腾崇拜、保佑平安、彰显勇敢的含义。

我国舟山渔民的龙裤、撩樵和裙裾便极具特色。龙裤是用耐磨的粗布制成，上下直筒，裤脚肥大，裤腰宽松、左右开衩，以布带为系，无纽扣。龙裤虽是渔民在冬天捕鱼的工作服，但做工并不粗糙，一般会用彩线在裤腰开衩的地方纹绣上龙凤呈祥、出入平安等具有美好寓意的文字图案。龙裤具有保暖、宽松的特质，更为重要的是由于龙裤扎紧后密封性较好，落水时会鼓起增加浮力，可以临时作为救生衣使用。龙裤具有种种优点，因此深受舟山渔民喜欢。如今渔民的工作服装已发生了巨大变革，龙裤已经成为海洋文化的遗存。

（二）饮食特点

沿海地区的饮食特征通常受到地理位置、气候条件以及当地的渔业和水产资源等因素的影响。不同的沿海地区可能会有各自独特的饮食习惯和特点，但一般来说，沿海地区的饮食还是有共通性可循的。譬如，沿海地区以海鲜为主食，包括各种鱼类、贝类、虾蟹等水产品。这些食材新鲜且丰富，通常以多种烹饪方式制作，如蒸、煮、炸、烤，或将新鲜的海鲜切成薄片，搭配酱油、芥末和姜末等调料生食。在大部分沿海地区都有腌制或熏制海鲜制品的传统和工艺，不仅可以延长海鲜的保存时间，还能赋予海鲜独特的风味和口感。挪威的烟熏三文鱼、苏格兰的烟熏鲑鱼、葡萄牙的腌制鳕鱼、荷兰的腌制鲱鱼，以及我国的沿海地区的腌制带鱼、黄花鱼等都是腌制海鲜的代表。

《萍州可谈》卷二中记载了东南沿海居民的饮食特点："闽、浙人食蛙，湖湘人食蛤蚧，大蛙也。中州人每笑东南食蛙，有宗子任浙官，取蛙两股脯之，给其族人为鹑腊，既食然后告之，由是东南谤少息。或云蛙变为黄鹌。广南食蛇，市中鬻蛇羹，东坡妾朝云随谪惠州，尝遣老兵买食之，意谓海鲜，问其名，乃蛇也，哇之，病数月，竟死。琼管夷人食动物，凡蝇蚋草虫蚯蚓尽捕之，入截竹中炊熟，破竹而食。顷年在广州，蕃坊献食，多用糖蜜脑麝，有鱼虽甘旨，而腥臭自若也，唯烧笋菹一味可食。”

（三）娱乐与运动

沿海居民的海上运动和娱乐活动丰富多彩，展现了人类与海洋的紧密联系以及对海洋的探索和欣赏。赛船是其中一项重要的竞技项目，不论是古希腊的奥林匹克赛事中的赛船，还是其他文化中的赛艇活动，都在比拼船只的速度和操作技巧。捕鱼作为生存手段，也是一种娱乐方式，让人们在海洋中寻找食物和乐趣。冲浪在古代夏威夷等地已经存在，让人们在海浪上滑行。划船则是探索海域的方式，使用小艇或独木舟划行在海上。水上竞技如古罗马的水上竞技，涵盖划船比赛、游泳比赛等项目。潜水可能被用于捕鱼或寻找珍宝，同时也是沿海居民的一种娱乐方式。水上表演如舞蹈在海上也有出现，海滩娱乐如沙滩排球、沙雕制作等，成为沿海地区的常见活动。远洋航行本身就是一种冒险和探索，让人们发现新的陆地和文化。当然，海洋在不同文化中会被作为祭祀的对象，人们会在海上举行祭祀仪式，表达对海洋之神的敬意。这些活动共同构成了人类与海洋亲密互动的缩影。

三、民俗习惯

（一）祭祀仪式

古代的海上航行是一项充满挑战和风险的事情，因此人们往往会在出海前举行各种仪式和祭祀活动，以祈祷远行者的安全和成功。这些仪式和祭祀活动代表了人们对自然力量的敬畏，以及对航海的谨慎和尊重。在许多文化中，海神被认为是统治海洋的神灵，人们相信通过祭祀可以获得海神的庇佑，确保航行平安。这些祭祀仪式通常包括献祭、祈祷、焚香等，以表达对海神的敬意和期望。此外，还可能涉及其他宗教和文化元素，如祈求其他神灵的保护，携带护身符或符咒，以增加安全感。在一些文化中，人们也可能使用特殊的船只、颜色或服饰来表示祭祀和宗教意义。

在我国，无论是新船下水还是行船出海都需选定良辰吉日，并举行传统的祭典活动。如在福建，新船开工必定先请风水师傅勘定黄道吉日，工地上摆放香案贡品祭祀天地海神和祖师鲁班，祈求造船过程顺利安全；造船期间，每逢初二、十六，主家还会略备酒菜祭祀有关神祇；新船下水时，船主要焚香上供，祭祀天神、水神、海神、船神等诸多神明，祈求获得庇护。有的地方还会为新船涂上油彩、挂满彩条，或在船首画目点睛等。出海前另有一番隆重而壮观的礼仪，或进妈祖庙上香祷告，或去供奉四海龙王、风雨雷电、法力大神的庙宇祈求法身塑像供奉在船上。祭祀的内容林林总总，却终归是为了保佑人货平安归来，代表了人们对海洋的敬畏与依靠。航行途中，或捕鱼期间，各国各地还有许多习俗与说法，如第一网鱼要祭祀给海神，或上供或放生，遇到孕期的鱼不能伤害要放归大海，遇到海上无主尸骨要打捞上来，包裹后再举行海葬等。另外，出海之前在船上贴上寓意平安吉祥的红色对联，在船上供奉海神神像，行船途中鸣锣打鼓或以酒菜祭海，航行途中不得说“翻”“倒”“扣”“死”“完”等犯禁忌的话。

宋朝朱彧在其著作中曾记载：“舟人病者忌死于舟中，往往气未绝便卷以重席，投水中，欲其遽沉，用数瓦罐贮水缚席间，才投入，晕鱼并席吞去，竟不少沉。有锯鲨长百十丈，鼻骨如锯，遇舶船，横截断之如拉朽尔。舶行海中，忽远视枯木山积，舟师疑此处旧无山，则蛟龙也，乃断发取鱼鳞骨同焚，稍稍投水中。凡此皆危急，多不得脱。商人重番僧，云度海危难祷之，则见于空中，无不获济，至广州饭僧设供，谓之‘罗汉斋’。”

我国台湾地区具有悠久的海洋文化历史和别具一格的海洋风俗，并伴随着台湾岛民的生活全过程，其中达悟人、阿美人等少数民族居民极具代表性。

达悟人也称雅美人，主要分布在台湾岛东边的兰屿岛，具有典型的海洋特色，至今仍保留着飞鱼招鱼祭、飞鱼收藏祭、飞鱼终食祭、大船下水典礼等祭祀活动。

阿美人则是台湾少数民族中人口最多的一个族群，其传统活动捕鱼祭很是盛大。传统的捕鱼祭是在每年六月第二个星期日举行，吉安乡东昌部落的阿美青年在花莲溪出海口搭起帐篷，并且捡拾附近大石块制作祭台，祭司谨慎地将各式祭品及渔网摆放在祭台上，口中念着祝祷之词，向海神祭拜，祈求祖先庇佑捕鱼活动顺利进行以及来年部落作物丰收。祭司完成海祭仪式后，各阶层职官接受长老训令，开始整理装备，各自寻觅渔捞场，在海滨活动三天两夜，禁止女性进入营地。这段时间严禁吃外食，完全就地取材，主要目的在于训练他们的野外求生能力。到了第四天，部落中的妇女才能前往活动地点约30米外的接待亭送礼物或食物。捕鱼祭传统上多选择望日举行。如今祭典多改到白天，并且为了提高族人参与率，通常会安排在周末假期。捕鱼祭限男性参与，开始时先以巫师用酒喷过的槟榔叶镇邪驱魔，并进行拔河比赛，接着进行渔捞。男子们带着渔网、渔具及祭品，居住在海滨者驾着船筏下水，内陆地的族人则将溪流围堵起来。待渔获上岸后便在岸边就地烹煮，并与宾客一起分享。

（二）传统节日

传统节庆是一方地域文化特点的高度凝结，也是地方文化的重要组成部分，传统节日可以追溯特定文化的起源与发展，是人们生活轨迹的承载与记忆。中国是一个海岸线很长的国家，沿岸地区也有很多极具地方特色的民俗节庆活动。

辽宁大连有着正月十三放海灯的习俗。这一天大连沿海的渔民会自发给海神娘娘送海灯，祈求出海平安、渔获丰收；在丹东大鹿岛，为纪念中日甲午海战，每年 9 月 17 日或逢年过节，人们都会自发到此祭奠英魂。

海南黎族传统的“三月三”节已经发展成今日的“海南国际椰子节”。1991 年 4 月 20 日，山东荣成举办了中国首届渔民节。据说这个节日源于当地渔民的传统节日谷雨节。从战国时代开始，当地每到谷雨之后，气候就开始转暖，不仅“谷雨时节，百鱼上岸”，而且捕鱼的海讯也随之来到。于是，就设立了这个节日。每到这一天，荣成当地众多虔诚的渔民就在海滩上摆上一排窖藏老酒，正中放上蒸好的大枣饽饽、猪头等祭品，燃起香烛，一起面向大海祈祷，祈求海神保佑渔船出海平安、鱼虾满舱而归、渔民全家美满幸福。渔民们除了在传统节日进行扎彩船祭海神活动外，又增加了经济贸易等商业和文化活动，充满了时代特色。特别是在“1998 国际海洋年”前后，中国沿海地区举办各种有关海洋方面的民俗节日越来越多了，其中像青岛国际海洋节、即墨田横祭海节和寿光羊口渔民开海祭海节等，恐怕要算是中国目前最著名的海洋节了。

在其他沿海国家，与海洋相关的节日也有很多。例如，在澳大利亚昆士兰州的布里斯班，每年 7 月份举行海洋节和以保护海洋为主题的活动；在美国夏威夷的檀香山，每年 7 月份举行海洋之夜活动，组织观看和参与关于海洋生物和保护海洋的电影和讲座；在日本，每年 7 月的第三个星期一是海洋日，旨在表彰海洋对于日本经济、文化和社会的贡献，并提倡树立保护海洋的意识；在美国加利福尼亚州的圣地亚哥市，每年 8 月份举办海洋嘉年华活动，传播海洋文化和保护海洋，等等。

同时还有一些国际社会共同发起的节日。如每年的 6 月 8 日是联合国大会宣布的世界海洋日，旨在提高人们对海洋的重要性认识和保护海洋的意识；每年的 6 月 25 日是联合国宣布的国际海员日，旨在表彰和感谢全球的船员和海员，以及提高人们对海员工作条件和权益的认识，等等。

（三）海葬

海葬是将逝者遗体置于海洋的一种葬礼，存在于许多沿海国家或地区，并受文化影响表现出不同的含义与形式。在早期，如远洋商人、海盗、海军等长时间在海上生活的群体，无法保留逝者遗体，便选择海葬的形式，经过时间与文化的沉淀，其形式、内涵被赋予了更为丰富的内容。当然，也有部分群体受文化传承或宗教影响，也会选择海葬的形式。

《隋书·列传·卷四十七》有载："林邑（今越南南部顺化古国），王死七日而葬，有官者三日，庶人一日。皆以函盛尸，鼓舞导从，舆至水次，积薪焚之。收其余骨，王则内金甖中，沉之于海，有官者以铜甖，沉之于海口；庶人以瓦，送之于江。"可见在林邑古国，海葬是只有皇家王者才配享有的尊荣。

在日本，海葬被称为"骨壶送海"。根据佛教传统，人们相信将逝者的骨灰放入海洋中可以使其灵魂脱离尘世的束缚，获得解脱。印度的一些地区，特别是孟加拉湾沿岸，也有海葬的传统。印度教徒相信，将逝者的遗体投入圣水，如恒河或孟加拉湾，可以达到灵魂超度的目的。在北欧国家如挪威、瑞典等，也有进行海葬的传统，这些国家因海而兴，人们将逝者的骨灰投入海洋，也被认为是一种与自然和谐相处的方式。

海军的海葬是一种特殊的葬礼形式，通常适用于在海军服役期间去世的人。遗体会在进行适当的处理后，被放置在专门设计的容器中，以便在海洋中安全释放；仪式一般在行驶的海军舰艇上进行，包括敬军礼、鸣枪炮、献花、奏军乐、释放遗体（骨灰）、默哀等步骤。这种葬礼形式在许多国家的海军中都有，通常象征着将逝者的灵魂与大海相连接，与海洋融为一体，表达了对逝者的尊敬和怀念，以及对其在海军事业中所作贡献的认可。这也体现了海军对大海的深厚情感和对海洋的敬畏之情。

第五章　海洋文化的载体之海洋实践文化

海洋实践文化指的是人类在与海洋共生共存的过程中，围绕认识、利用和保护海洋资源而形成的理论共识。海洋实践文化有别于海洋精神文化，它不是人类对海洋的审美情趣与感性表达，而是在实践中克服和约束主观意识创造出来的知识成果，是人类在理论层面认识与定义海洋的知识的总和。

海洋实践文化包括海洋地理知识、人类海洋活动知识、道德规范与法律制度、科学技术理论、海洋资源开发与保护以及涉海思想体系等内容，是人类基于对客观存在的观察与实践而创造的属人的世界，是独立并平行于海洋物质文化、海洋精神文化的，构成海洋文化全部的第三个层面。

第一节　海洋地理

海洋作为大自然的客观存在，与人类生产生活息息相关。自人类第一次见到大海、第一次踏足海水、第一次捕捞海洋生物、第一次泅水而行、第一次观察到狂风巨浪、第一次发现生命可以被吞噬开始，生存的需要与好奇的驱使便成为人们探索和利用海洋的动力之源，经过数十万年的实践与总结，对海洋地理的认识基本形成了完整的体系。

一、海洋的类型

海洋是地球上广而连续的咸水水体的总称，其总面积约占地球表面积的 70.8%。海洋的平均深度约为 3800 米，最深处为马里亚纳海沟，深度达到约 11000 米。海洋不仅是地球上生命的来源之一，还对全球气候和天气产生了重要的影响，通过海洋循环和气候调节，控制了地球的温度和气候变化。

根据海洋所处的地理位置、形态特征和水文特征的不同，可将世界大洋划分为主要部分和附属部分，其中主要部分是指洋，附属部分是指海、海湾与海峡。

洋是世界大洋的中心部分和主体部分。它远离大陆，面积广阔（约占世界海洋总面积的 89%），水深较深（深度一般大于 2000 米），具有稳定的物理和化学性质、独立的潮汐系统和强大的洋流系统。根据岸线轮廓和洋底起伏的差异，通常把世界大洋分为 4 个部分，即太平洋、大西洋、印度洋和北冰洋。每个大洋都有自身的发展史和独特的形态及水文特征。在洋的连通部位，通常以海岭和人为指定的经线为界。

海是指洋与大陆之间的水域。其面积较小，深度较浅（一般在 2000 米之内）。海兼受洋和陆的双重影响，具有不稳定的物理和化学性质，差异明显的潮汐特征，独立的海流系统。根据被大陆孤立的程度、地理位置及地理特征，可以将海划分为陆间海、内海和边缘海三类。陆间海是介于 3 个以上大陆之间，并有海峡与相邻海洋连通的海域，面积和深度较大，如地中海。内海是伸入大陆内部的海域，面积较小，水文特征受周围大陆的影响强烈，如黑海、红海等。边缘海是位于大陆边缘而不深入大陆内部的海域，以半岛、岛屿或群岛与大洋分隔，但与大洋之间水流交换通畅，内侧主要受大陆影响，外侧主要受大洋影响，如日本海。

海湾是指海洋伸入大陆，且深度逐渐变浅、宽度逐渐变窄的水域。一般以入口处海角之间的连线或湾口处的等深线作为海湾与洋或海的分界线。海湾最大的水文特点是潮差较大。例如，位于加拿大与美国东北部之间的芬地湾，是世界上最大潮汐落差的海湾区，平均潮差 14.5 米。观测数据显示，以面积降序排列，孟加拉湾、墨西哥湾、几内亚湾、阿拉斯加湾、哈德逊湾、卡奔塔利湾、巴芬湾、大澳大利亚湾、波斯湾、暹罗湾位列全球前十。

海峡是连通洋与洋、洋与海、海与海的狭窄的天然水道，如连通大西洋与太平洋的麦哲伦海峡、连通地中海与大西洋的直布罗陀海峡、连通东海与南海的台湾海峡等。海峡的水文特征是水流急，潮流速度大。由于海峡中往往受不同海区水团和环流的影响，其水文状况通常比较复杂。

由于历史上形成的习惯称谓，一些地名并不符合上述分类原则。有些海被称为湾，如波斯湾、墨西哥湾等；有的湾则被称作海，如阿拉伯海等；有些内陆咸水湖泊也被称作海，如里海、死海等。

二、海水的运动

海水是一种流体，永远处于不停地运动之中，海水运动使海洋中的物质、能量的循环有较高的速率。海水水体以及海洋中的各种组成物质，构成了对人类生存和发展有着重要意义的海洋环境。海水运动是海洋环境的核心内容，主要有三种形式：波浪、潮汐、洋流。

波浪是海水运动的一种普遍形式。当水体受到外力作用时，水质点离开平衡位置，发生周期性振动，从而引起水面呈现周期性起伏的运动现象，称为波浪。波浪要素是描述波浪尺度与形状的要素。波浪的基本要素有波峰、波谷、波顶、波底、波高、波长、周期、波速等。

潮汐指海水在天体引潮力作用下所发生的周期性运动现象。潮汐是由月球和太阳的引潮力（月球、太阳或其他天体对地球上单位质量物体的引力和对地心单位质量物体的引力之差，或地球绕地月/日质心运动所产生的惯性离心力与月/日引力的合力）所引起，由月球引起的潮汐称为太阴潮（太阴即月亮），由太阳引起的潮汐称为太阳潮。

洋流是指海洋中的水流运动，它们在全球范围内形成了一种大规模的循环系统。全球洋流主要分为两类：暖流和寒流。暖流表现为相对暖的海水向极地方向流动，而寒流则表现为相对冷的海水从极地地区向赤道方向流动。

三、海洋地貌

海洋地貌指的是海洋底部的地貌和地形特征，其形成与陆地地形和地球构造有着密切的关系。海洋地貌的常见类型有：大洋中脊、海山、海沟、大陆架、冰山。

大洋中脊是一种海底地形，位于大洋中央，是由板块运动引起的海底地壳裂谷带的堆积所形成的。大洋中脊长约 8 万千米，是地球上最长的山脉，其海拔比珠穆朗玛峰还要高出几千米。大洋中脊是海底热液喷口的主要分布区，也是海洋生物多样性的重要场所之一。

海山是在海底隆起的一个类似于山峰的地形，它可以是单个的，也可以是成群分布的。海山通常是由于热点活动、火山喷发、岩浆的喷出和海底地震造成的。海山具有丰富的矿产资源，例如铜、铁、锌、金、银等金属矿物，还有石油、天然气等非金属矿物资源。

海沟是在海底形成的深槽或陡峭壁，通常位于大洋底部，最深可达 11000 米以上。海沟的形成与板块运动有关，板块碰撞时，较重的大洋地壳被挤压到海沟深处，形成深槽。海沟是地球上最神秘、最未知的海底地形之一，也是地质学家和生物学家进行深海探索和研究的重要地点。

大陆架指陆地与海底之间的缓坡区域，通常深度在 200 米以下，面积广阔。大陆架是海洋生物多样性最丰富的地区之一，也是海洋渔业和石油勘探的重要地点之一。大陆架还与全球气候变化有密切关系，因为大陆架上的沉积物是记录全球气候变化的重要证据之一。

冰山是海洋中的一种浮冰，是在极地地区由于冰川运动和海水的冻结形成的。冰山主要分布在南极和北极地区，其形成和漂移是极地地区独有的自然景观，具有独特的地貌特征。

冰山的形成是由于极地地区气候寒冷，水温低，水面上的海水会结成海冰，冰川也会向海冰推进，这样在海面上会形成大量冰山。冰山的大小和形态各不相同，一般分为浅水型和深水型。浅水型冰山通常是在海岸附近形成的，呈不规则的形状，颜色呈现为白色或浅蓝色。深水型冰山则是在远离海岸的开阔海面上形成的，通常呈现规则的形状，为深蓝色或绿色。

冰山在海洋地貌中占有重要的地位。它们的形成和漂移对海洋环境和气候变化产生了重要影响。冰山的漂移方向一般受到海流、风向、地形等因素的影响，它们的漂移速度通常在 0.5~1.5 千米每小时之间。当冰山漂移至暖水区时，逐渐融化，变成大量的淡水，会影响海洋的盐度和水温，同时也影响海洋生态系统的平衡。冰山在海洋中也是重要的水文学要素之一，它们的观测和跟踪对于科学研究、海洋气象预报和航运安全都具有重要意义。

冰山作为海洋地貌中的重要元素，不仅在自然景观上呈现出独特的魅力，而且在气候变化、海洋环境和生态平衡等方面也具有重要影响。

第二节　海洋科学

海洋科学是研究海洋现象、海洋生态、海洋资源、海洋环境等方面的一门综合性学科。它涉及多个学科领域，包括地球科学、生物学、化学、物理学、气象学、地理学、环境科学等。海洋科学旨在全面了解和认识海洋的各个方面，揭示海洋与地球和生命系统之间的相互作用和影响，探索人类与海洋的关系，推动海洋资源的合理开发和可持续利用。

一、海洋与生命

科学家普遍认为地球上最早的生命形式可能起源于海洋。海洋是地球上最古老、最丰富的生命之源，具有许多有利于生命起源和演化的特点和条件。

首先，海洋中含有丰富的有机物和元素。海水中含有大量的有机物质，如氨基酸、脂肪酸、核酸等，这些有机物质是生命体的基本构成单元。此外，海洋中还含有丰富的元素，如碳、氢、氧、氮、磷等，这些元素是构成生物体的主要成分。这些有机物和元素为生命的起源提供了必要的原料和条件。

其次，海洋提供了相对稳定的环境条件。相较于陆地环境，海洋中的水温、气压、光照等环境条件相对稳定，有利于维持生命体的稳定和生存。此外，海洋中的盐度和酸碱度等参数也相对恒定，有利于维持生命体内部环境的稳定。

最后，海洋具有丰富的生态系统。海洋中有着多样化的生物群落和生态系统，为生命的起源和演化提供了多样性的选择和适应性。海洋中的微生物、浮游生物、底栖生物等都可能在生命起源和演化过程中起到重要的作用。

在地球漫长的历史中，海洋起到了至关重要的作用，成为生命的摇篮和孕育之地。这也是科学家普遍认为地球上最早的生命形式起源于海洋的主要原因。

二、海洋资源

从概念上来讲，海洋资源一般指在海洋中发现的对人类有益的物质和生物实体。海洋的物理资源包括石油、沙子和砾石、蒸发盐、淡水、甲烷气水包合物（也称作甲烷水合物、甲烷冰、天然气水合物或可燃冰）和海洋能等。海洋的生物资源包括鱼类、珊瑚礁、螃蟹、真菌、海草等。海洋中的生物资源是可再生的海洋资源，非生物资源是不可再生的海洋资源。近现代以来，海洋的人文资源逐渐被吸纳，并发展成为海洋资源中的一项重要的内容。

以空间维度来看，海洋资源具有三个显著特征。一是立体性，海面、水体、海床或海底等三维空间中的客观存在均可视为海洋资源；二是持续运动性，海水持续运动形成不同类型的表现形式，同时裹挟非固定海洋资源流动，并使其受运动规律影响局限在一定范围；三是隐匿性，受技术能力限制，深海资源的探索、发掘与利用仍被限定在极小范围内，人类尚不能完全认知海洋资源的存量与实际价值。

海洋资源种类繁杂，既有有形的，又有无形的；既有有生命的，又有无生命的；既有可再生的，又有不可再生的；既有固态的，又有液态和气态的，形形色色，对其分类实为不易。国内外有很多专家学者根据不同的标准对海洋资源进行分类，其中中国学者根据已探明的海洋资源提出的分类体系兼具学术性、专业性和实用性，将海洋资源分为海洋生物资源、海洋矿产资源、海洋化学资源、海洋空间资源和海洋能量资源。

海洋生物资源包括：海洋植物，涵盖海洋藻类、海洋种子植物、海洋地衣；海洋动物，涵盖海洋鱼类、海洋软体动物、海洋甲壳类动物、海洋哺乳类动物；海洋微生物，涵盖原核微生物、真核微生物、无细胞生物。

海洋矿产资源包括：滨海矿砂、海底石油、海底天然气、海底煤炭、大洋多金属结核、海底热液矿床、可燃冰等。

海洋化学资源包括：海水本身、海水溶解物。

海洋空间资源包括：海岸带，涵盖海岸、潮间带、水下岸坡；海岛，涵盖半岛、岛屿、群岛、岛礁；海洋水体空间，涵盖海洋水面空间、海洋水层空间；海底空间，涵盖陆架海底、半深海底、深海海底、深渊海底；海洋旅游资源，一是海洋自然旅游资源，涵盖海洋地文景观、海洋水域风光、海洋生物景观、海洋天象与气候景观，二是海洋人文旅游资源，涵盖海洋遗址遗迹、海洋建筑与设施、海洋旅游商品、海洋人文活动。

海洋能量资源包括：海洋潮汐能、海洋波浪能、海流能、海风能、海水温差能、海水盐度差能。

随着人类对海洋资源探索的不断深入，其细分与类目也会越发充实。①

三、海洋生态与气候

海洋是世界上最大的自然生态系统，在实现人类经济社会可持续发展、应对气候变化等方面发挥着不可或缺的作用。发展海洋经济、实现海洋资源永续利用的同时，如何降低海洋污染、减少对海洋生态的破坏、更好地保护海洋资源，是当前国际社会面临的共同课题。

（一）海洋生态系统

海洋生态系统是海洋中由生物群落及其环境相互作用而构成的自然系统。广义而言，全球海洋是一个大生态系统，其中包含许多不同等级的次级生态系统。每个次级生态系统占据一定的空间，由相互作用的生物和非生物，通过能量流和物质流形成具有一定结构和功能的统一体，其地位举足轻重。一方面，海洋生态系统作为社会进步的重要支撑，给人类的生存和发展提供不可或缺的物质文化

① 孙悦民，宁凌．海洋资源分类体系研究 [J]. 海洋开发与管理，2009，26（5）：42-45.

供给，包括丰富的海洋资源与原材料等物质利益以及娱乐消遣、知识获取等非物质利益。另一方面，海洋生态系统还具有调节和支持功能，能够维持生态平衡、优化生态环境，是全球环境的天然净化器。

海洋生态系统具有多样性特征。按海区划分，一般分为浅海生态系统、深海生态系统、大洋生态系统、火山口生态系统、河口生态系统、海湾生态系统、上升流生态系统等，如全球分布着 64 个大洋生态系统；估计约有 95% 的渔业产量来自这些区域；按生物群落划分，一般分为红树林生态系统、珊瑚礁生态系统、海草床生态系统等，这些生态系统在我国华南沿海也有分布。

海洋是地球生物圈的重要组成部分，哺育着种类繁多的海洋生物。海洋生物作为可再生资源可为人类提供大量的食品、药品和工业原料，并对维护整个地球生物圈的生态平衡起着至关重要的作用。人类的生存和发展与海洋生态系统的平衡和稳定有着密切的联系，而海洋生态系统平衡稳定的基础是海洋生物的多样性。2000 年国际海洋生物普查显示，已发现并命名的海洋生物约有 21 万种，普查发现超过 6000 个可能存在的新物种（如深海珊瑚、深海龙鱼和雪蟹等），稀有物种存在共同性，而未确定物种是已知物种的 10 倍。但是，由于人们对海洋世界认识的局限性，世界海洋生物物种的数量仍然是个谜。

目前，海洋作为一个巨大的生态系统，正承受着空前的生态和遗传压力，其中许多压力正改变着海洋生态群落的结构和组成。人类活动对海洋生物多样性在遗传、物种和生态水平的冲击主要表现在：掠夺式地利用海洋生物资源、海水养殖的影响、污染和富营养、外来物种入侵和生境的破坏等方面。气候变化对人类社会和生活影响重大，随着海洋温度的升高和海水的酸化，海洋物理环境与结构、海洋生物、陆海生态系统、海洋生态系统等方面将面临威胁，由此导致的海平面上升、自然灾害频发、海洋自身生产力降低、生态链与海洋生物食物网结构失衡、生态系统退化或消失、海洋物种被动迁移等风险急剧增加。海洋渔业资源利用是人类活动对海洋生物多样性影响的主要因素之一，它使海洋生物种类不断消失，濒危物种不断增多，特别是具有独特生物遗传基因的海洋生物在不断消失。海洋生物多样性在世界范围内已经受到了威胁，这种威胁已经明显损害了生态系统功能的正常运行。

海洋生物多样性是伴随着地球演化，经历了数十亿年海洋生物与海洋环境相互作用和生物间协同进化的结果。海洋生物多样性面临多重压力，当前人类活动导致陆地和海洋生物物种灭绝的速度是自然灭绝速度的1000倍以上，海洋生物多样性保护与管理刻不容缓。世界先进海洋国家从20世纪70年代就开始发展海洋自动观测系统、溢油管理的鉴别体系、国际赤潮合作计划、海洋渔业管理等海洋保护措施。

中国政府历来重视海洋生物多样性保护与管理工作，率先签署了《生物多样性公约》，并编制了执行该公约的《中国生物多样性保护行动计划》。作为《联合国海洋法公约》缔约国之一，中国坚决履行开发利用和养护管辖海域及公海生物资源的权利和义务。此外，在海洋生物多样性保护管理工作的具体方面，制定了《红树林保护修复专项行动计划（2020—2025年）》，旨在严格保护现有红树林，科学开展红树林生态修复工作，扩大红树林面积，提高生物多样性，整体改善红树林生态系统质量，全面增强生态产品供给能力。①

中国系统的海洋生态修复行动计划始于20世纪80年代。2010

① 王友绍.海洋生态系统多样性研究[J].中国科学院院刊，2011，26（2）：184-189.

年，原国家海洋局《关于开展海域海岛海岸带整治修复保护工作的若干意见》开始将海洋整治修复拓展到海域、海岛、海岸带等覆盖全域海洋空间范围，开展“蓝色海湾”整治、海洋生态堤防建设、围填海管控和滨海湿地保护等海洋保护修复工作。“十三五”期间，全国整治修复海岸线 1200 千米、滨海湿地 230 平方千米。2020 年，编制《海岸带保护修复工程工作方案》《全国重要生态系统保护和修复重大工程总体规划（2021—2035 年）》，提出开展岸线岸滩生态修复、海堤生态化建设等工作，提升海岸带各类生态系统的结构完整性和功能稳定性。2021 年 7 月，自然资源部发布实施《海洋生态修复技术指南（试行）》，有效提升了我国海洋生态修复的科学化和规范化水平。

我国一直积极履行保护海洋承诺，参与海洋保护修复国际合作，提出海洋命运共同体理念。2015 年 12 月，我国成立公募基金会“中国海洋发展基金会”；由我国主导实施的“海上丝绸之路”项目，是构建蓝色伙伴关系的重要内容，包括海洋治理、空间规划、海洋经济、海洋保护、海洋科技、海洋文化和人才培养等方面。2017 年，国家发展和改革委员会、原国家海洋局发布《“一带一路”建设海上合作设想》，发起“蓝碳计划”倡议，促进我国与沿线国家共建国际蓝碳合作机制；我国还主导建立了“东亚海洋合作平台”“中国 - 东盟海洋合作中心”，设立“中国 - 东盟海上合作基金”等。我国已同葡萄牙、欧盟、塞舌尔等建立了蓝色伙伴关系，在海洋经济、科技、生态环境保护和防灾减灾等领域加强合作与协调，共同推动全球海洋治理体系和治理机制不断完善。中国还向“一带一路”沿线国家提供更多公共产品和服务，推广应用自主海洋环境安全保障技术，在海洋调查监测与观测、海洋水文、气象与环境预报、海洋环境治理与生态保护修复等方面提供中国方法标准和中国技术。

（二）海洋与气候

气候变化是国际社会普遍关心的重大全球性问题。气候变化既是环境问题，也是发展问题，但归根到底是发展问题。

1992 年，联合国通过《联合国气候变化框架公约》，列举出气候变化对人类社会的主要影响。在经济方面，气候变化可能会导致自然灾害的增加，如洪水、干旱、海啸、风暴等，这些灾害会对农业、渔业、林业、旅游业等行业造成影响，影响经济的稳定和可持续发展；在卫生健康方面，气候变化可能导致疾病传播、营养不良、水源和食品短缺等问题，对人类健康造成威胁；在社会结构方面，气候变化可能会导致移民、贫困、社会不稳定等问题，对社会稳定和可持续发展造成影响；在地球生态方面，气候变化可能导致生态系统的崩溃和生物多样性的减少，对生态平衡造成影响；在能源方面，气候变化可能导致能源需求的变化和能源的短缺，对能源的供应和安全造成影响。

海洋是全球气候系统中的一个重要组成部分，它通过与大气进行物质能量交换和水循环等在调节和稳定气候上发挥着决定性作用，被称为地球气候的“调节器”。

科学研究发现，全球气候变化对海洋的影响日渐加剧，导致极端天气事件和海洋灾害的加剧，如南北极冰盖融化、北大西洋经向翻转流变弱等；海平面的升高，导致海岸侵蚀、台风灾害和厄尔尼诺事件强度加强等；同时，海温上升加剧了海洋生态系统灾害，如海洋酸化、红树林被淹没、珊瑚礁白化等。

恰恰在气候系统中，海洋起到了决定性作用。例如，人类排放温室气体造成全球暖化，暖化的热量有 90% 以上进入了海洋，缓解了全球气候变暖的趋势；海洋生态系统中的植物和微生物通过光合作用和呼吸作用释放氧气，为地球大气层提供氧气；海洋是全球水循环的重要组成部分，海洋中的水循环过程对全球气候和降水分布具有重要影响；等等。因此，海洋是气候系统的核心组成部分，在调节全球气候方面至关重要。

以我国为例。近年来，我国沿海地区台风、风暴潮、洪涝与干旱等灾害的强度增加，对沿海地区经济、社会、人民生命财产安全等方面的威胁愈加严重；由于气候变暖，海表面温度上升，我国沿海地区遭受台风灾害影响的时间越来越长。以往台风主要集中在 7—9 月，现在早的时候出现在 4 月，晚的时候会拖到 11 月。近年来，我国滨海湿地、珊瑚礁等生态系统的健康状况多呈恶化趋势。受全球气候变化和海洋升温影响的灾种主要是赤潮，其他灾种如海岸侵蚀、海水入侵和土壤盐渍化等与气候变化所引发的海平面上升也有着密切关系。总体来看，我国由海洋灾害造成的经济损失呈现明显的上升趋势，极端气候事件增加了海洋灾害的发生频率和强度。

为应对气候变化，联合国与世界各国采取了多种措施。主要体现在加强国际合作、制定国际气候变化政策、推广清洁能源与节能减排措施、加强科学研究和环境监测预警等方面。中国政府在应对气候变化方面积极承担责任，履行大国义务，克服自身经济、社会等方面的困难，实施了一系列应对气候变化的战略、措施和行动，参与全球气候治理，取得了积极成效。

四、海洋灾害

（一）自然灾害

海洋自然灾害主要有灾害性海浪、海冰、赤潮、海啸、风暴潮和台风，与海洋和大气相关的灾害性现象还有“厄尔尼诺现象”和“拉尼娜现象”等。

1. 海啸

海啸是一种极具破坏性的海洋灾害，是由地震、火山爆发、滑坡或大型冰山断裂等造成的海底地壳运动所引发。海啸可以在海洋中以高速传播，并在接近陆地时形成高大的巨浪，进而摧毁建筑物、破坏基础设施和农田，并将人和货物冲走，海水会倒灌到沿海地区，形成洪水，尤其是当海啸导致油罐、化工罐等沿海设施破裂时，可能引发大规模火灾，加剧灾害的影响，同时海啸可能破坏供水、卫生设施和医疗设施，导致疾病的传播和流行。

2004 年，印度洋地震和海啸袭击了印度尼西亚、斯里兰卡、泰国、印度和其他周边国家。震中位于印尼苏门答腊岛亚齐省西岸约 160 千米处，震源深度约 30 千米，震级 9.1 ～ 9.3 级。地震引发了浪高达 15 ～ 30 米的巨大海啸。据估计，地震和海啸导致的罹难人数和失踪人数至少有 30 万。

2. 台风

台风的风力可以达到 10 级以上，甚至超过 15 级。这些强风可以摧毁建筑物、拔起电线杆和树木、带来暴雨并引发洪水、泥石流和山体滑坡。在台风登陆时，风暴潮也会随之而来，会淹没海岸线上的低洼地区，造成船只沉没和港口损坏。

3. 厄尔尼诺现象和拉尼娜现象

厄尔尼诺现象和拉尼娜现象是两种主要的海洋 - 大气现象，它们都与赤道太平洋的海水温度变化有着密切的关系，对全球气候产生深远影响。两者在一定程度上是伴生关系，通常会交替出现。

受太阳辐射的影响，低纬度的海水温度较高，而高纬度的海水温度较低。在风场和流场的作用下，赤道太平洋的海水温度沿纬向呈现出不均匀的分布特征，即西岸的海水温度高，东岸的海水温度低。这个高温区被称为“太平洋暖池”，它的存在导致了西岸的湿润气候和丰富的降水，而东岸则相对干旱。在某些年份，由于尚未明确的原因，原本位于西岸的“太平洋暖池”会向太平洋中部和东部移动。这导致原本干旱的东岸变得湿润，而原本湿润的西岸变得干旱。这就是厄尔尼诺现象。

在厄尔尼诺现象结束后，“太平洋暖池”通常会回到西岸，而东岸则恢复为冷水。然而，在某些年份，赤道太平洋中部和东部的海水温度会比正常年份更低，这通常会导致东岸的降雨减少，而西岸可能会出现洪涝。这就是拉尼娜现象。

（二）人为灾害

随着人类的不断发展，我们对这片蔚蓝色海洋的掠夺和破坏也与日俱增。虽然大多数人并不知道，但是我们的许多行为都直接或间接地影响着海洋的生态环境。

1. 废水污染

工业化社会带来的污染正在逐渐侵蚀着海洋的生态系统。大量的工业废水、农业污染、城市排水等直接排放到海洋中，这些污染物质会对海洋生物造成危害，影响海洋生态平衡，威胁到海洋生物的生存。

工业生产过程中排放到海洋中的含有害物质（如重金属、有机物等）的废水，会对海洋生物造成毒害和破坏。例如，1991 年苏联联邦解体后，位于乌克兰的刻赤海军基地因漏油导致严重的污染，造成大量的鱼类和贝类死亡。此外，由于工业废水中的汞、铅等重金属对人体健康具有危害，海产品中含有重金属超标的情况时有发生，从而影响人们的健康。

农业生产中使用的含有农药、化肥等化学物质的废水排放到海洋中，会对海洋生态环境造成污染。这些化学物质会对海洋中的浮游生物、底栖生物等造成毒害，影响到海洋生态系统的平衡。

城市排水同样会对海洋中的生物造成毒害和破坏，影响海洋生态系统的平衡。

2. 海洋垃圾和塑料污染

2021 年，联合国环境规划署发布了一份题为《从污染到解决方案：对海洋垃圾和塑料污染的全球评估》（*From Pollution to Solution: a Global Assessment of Marine Litter and Plastic Pollution*）的研究报告，揭示了海洋垃圾和塑料污染对环境的影响及其对生态系统、野生动物和人类健康的影响。该报告指出，塑料制品是海洋垃圾中占比最大、最有害和最持久的部分，至少占海洋垃圾总量的 85%，从源头到海洋的所有生态系统都面临着日益严重的威胁。

（1）海洋垃圾和塑料污染的数量正在迅速增长。

海洋垃圾和塑料污染规模和数量呈迅速增加势态，如果不采取有效行动，到 2040 年，向水生生态系统排放的塑料垃圾数量预计将增加近 3 倍，将使世界所有海洋的健康都处于危险之中。尽管人们为此采取了行动、付出了努力，但海洋中的塑料数量据估计仍有 0.75 亿至 1.99 亿吨。

（2）海洋垃圾和塑料对海洋生物和气候造成严重负面影响。

塑料是海洋垃圾中最大、最有害和最持久的部分，至少占海洋垃圾总量的 85%。它会对鲸鱼、海豹、海龟、鸟类和鱼类以及双壳类动物、浮游生物、蠕虫和珊瑚等无脊椎动物造成致命和亚致命的影响。还会通过其对浮游生物及海洋、淡水和陆地系统的初级生产的影响来改变全球碳循环。当塑料在海洋环境中分解时，它们会将微塑料、合成和纤维素纤维、有毒化学物质、金属和微污染物转移到水和沉积物中，并最终进入海洋食物链。

（3）海洋垃圾和塑料污染的主要来源是陆源垃圾。

在 1950 年至 2017 年间生产的 92 亿吨塑料总产量中，约有 70 亿吨成为塑料垃圾，其中四分之三被丢弃到垃圾填埋场，成为不受控制和管理不善的垃圾流的一部分，或被倾倒或遗弃在自然环境（包括海洋）中，虽然国际社会或各个国家对垃圾的工业化处理已经做出法律方面约束，并提出了严格的标准，但事实上受成本因素制约，填埋或向海洋倾倒的行为依然存在。微塑料可以通过分解较大的塑料物品、垃圾填埋场的渗出物、废水处理系统的污泥和空气颗粒（例如轮胎和其他含有塑料的物品的磨损），经农业流失、船舶破碎和海上意外货物损失等途径进入海洋。洪水、风暴和海啸等极端事件可将大量塑料垃圾碎片从沿海地区带入海洋，并在河岸、沿海岸线和河口形成堆积。

3. 过度捕捞

过度捕捞是指长期大规模、高强度、非持续性的渔业活动，导致渔业资源的数量和品质降低，甚至枯竭和消失。海洋生态系统由复杂和相互关联的系统组成，每个生物都依靠自己的生态位（例如栖息地）生存。任何生物或非生物变量的变化从而改变或消失栖息地，都可能对依赖它的生物体产生灾难性的后果，这对海洋生态系统和人类社会都有着广泛和深远的影响。

全球各国的渔业数据表明，长期大规模、高强度、非持续性的渔业活动导致海洋资源数量和品质的降低，甚至可能导致生物灭绝事件的发生。

联合国粮食和农业组织的数据显示，目前有超过 30% 的渔业资源已经被过度捕捞。过度捕捞不仅对经济造成影响，还对生态系统和社会产生广泛和深远的影响。实际上，已经发生了许多海洋生物灭绝事件，其中一些可以直接追溯到过度捕捞的影响。例如，过度捕捞导致北大西洋鳕鱼的数量减少到几乎灭绝，而南极洲的虾类由于过度捕捞，其数量也大幅度减少。

过度捕捞已成为全球性的问题，需要采取措施来解决。许多国家已经开始采取措施来保护海洋资源，例如实行限制捕捞数量和规模的法规，建立渔业管理计划和海洋保护区。这些措施将有助于保护海洋生态系统，维护渔业的可持续发展，同时也有利于维护人类社会的长远利益。

4. 海洋开发活动

海洋资源的开发是现代海洋开发活动的重要组成部分，其中石油勘探和深海采矿是最常见的活动之一。虽然这些活动在经济上对一些国家和地区产生了很大的利益，但它们对海洋生态系统的健康也产生了不可预测的影响。

石油勘探和开采对海洋生态系统产生的负面影响主要是石油泄漏和运输活动对海洋哺乳动物、鱼类和其他生物的影响。墨西哥湾“深水地平线”（Deepwater Horizon）钻井平台发生爆炸，造成原油泄漏的事件就是一个典型的例子，它导致了海洋污染和生态灾难，对当地渔业和海洋生态系统产生了长期和持续的影响。

深海采矿也可能对海洋生态系统产生负面影响，因为深海生态系统是脆弱而特殊的。深海采矿活动可能会破坏海底生态系统，影响海底生物的数量和多样性。采矿活动产生的废水和废物也会对海洋生态系统产生负面影响。为了保护海洋生态系统和生物多样性，我们需要谨慎对待海洋资源的开发，了解海洋生态系统的复杂性和生态平衡，确保我们的活动对海洋生态系统的影响最小化。

五、海洋技术

海洋技术是人类认识海洋、研究海洋、开发海洋、利用海洋、保护海洋等活动的保障，具有较强的综合性，涵盖了与海洋相关的材料技术、声学技术、光学技术、电磁技术、通信技术、导航技术、动力技术、观测技术等诸多方面，辐射并支持海洋工程、海洋装备、海洋建筑、海洋载具等相关领域。因此海洋技术是研究海洋自然现象及其变化规律、开发利用海洋资源、保护海洋环境以及维护国家海洋安全所使用的各种技术的总称。

海洋技术一般包括基础海洋知识，如关于海水本身的科学知识、海洋物理知识、海洋地质知识、海洋化学知识、海洋生态知识、海洋地球物理等；基础性海洋技术，如水下声学技术、水下光学技术、水下运动物体动力学等；支撑性海洋技术，如海洋工程材料技术、海洋常用机电集成技术、海洋试验技术、海洋装备的设计与集成技术等；使能性海洋技术，如水下探测技术、水下通信技术、水下导航技术、潜水器技术、海底观测技术、海洋遥感技术等。①

目前，中国海洋经济呈现出快速发展趋势，在全国GDP中占比不断增加，特别是与海洋相关的高、新、特技术不断涌现，直接赋能海洋产业转型升级，为国民经济、海防力量提供了坚强的技术支撑。中国作为海洋大国始终将海洋技术发展作为长期战略稳步推进，通过国家“973计划”、“863计划”、科技支撑计划、国家自然科学基金等重大和重点项目以及国家专项等一系列计划的实施，在海洋科技领域取得了较大发展和显著成就，但是不可否认的是，中国与美国、日本等传统海洋强国相比，在海洋科技与海洋产业方

① 陈鹰，黄豪彩，瞿逢重，等.海洋技术教程[M].2版.杭州：浙江大学出版社，2018.

面确实还存在着不可回避的差距。

在美国，2000 年美国国会通过并实施《2000 年海洋法案》，正式成立“海洋政策委员会”，全面指导和统筹国家涉海事务与海洋活动，这也标志着美国海洋战略整体进入系统化、制度化、成熟化阶段；2007 年制定《美国未来十年海洋科学路线图——海洋研究优先领域与实施战略》，重点对海洋基础研究、海洋大数据整理与利用、海洋生态系统、海产品和海洋能源、海洋事务（包括军事与极地规划）等诸多领域进行规划和指导；2018 年发布的《美国国家海洋科技发展：未来十年愿景》是对上一个文件的补充、修订与延续，确定了今后十年的海洋科技发展战略。除此之外，美国还发布了众多与之相关的政策文件，用于维护全球海洋权益、巩固其海洋地位。

英国 2010 年发布了《英国海洋战略 2010—2025》，将海洋科学的发展定位为优先领域，强调在国家战略背景下统筹政府、企业、科研机构和非政府组织之间的合作与联动。2014 年发布的《国家海洋安全战略》强调了加强与盟友合作捍卫海洋权益的主要意图，并据此支持相关国家挑战中国南海安全。2021 年发布《竞争时代的“全球英国”——安全、国防、发展与外交政策的整体评估》，作为其进一步巩固和扩大国家影响力、拓展和维护国家权益的指导性文件。2022 年再度发布《国家海洋安全战略》修订版，强调了海洋权益对英国的战略意义，展示了其重视海洋安全、维护海洋权益、畅通海洋通路、发展海洋装备、开展海洋合作的图景。

日本在 2007 年通过并实施《海洋基本法》，对国家的海洋事务进行了系统性安排和设计，并规定每五年修订一次。明确了其在海洋环境保护、海洋科学研发、国家海洋政策与导向、海洋资源利用、海上交通规划等方面的发展方向与原则。截止到 2023 年 4 月，最新版《海洋基本计划》已经实施，其中明文提出在国家利益受到威胁时应当加强海上安保能力。

与此同时韩国、印度以及东南亚等沿海国家也相继推出了雄心勃勃的海洋战略。

2009 年中国科学院历时两年完成了《中国至 2050 年海洋科技发展路线图》，明确了至 2050 年中国海洋科技能力达到世界先进国家水平，不仅为建设成海洋强国服务，还为世界海洋资源的可持续利用和海洋的健康安全作出重要贡献的战略目标，绘制了中国海洋科技领域发展的蓝图。

第三节 海洋制度

制度是人类为了协调和管理彼此之间的关系，以及实现特定目标而创造的一种有组织的规则、规定或安排。制度可以涵盖各个领域，包括政治、经济、社会、文化等，制度是为了在人类社会中保持秩序、实现公平、确保稳定等目的而存在的。

制度的建立通常是基于人类共同的需求和利益，它们可以帮助解决冲突、协调资源分配、规范行为，从而促进社会的有序运行。不同国家、地区和文化都会根据自身的特点和价值观来制定不同的制度，这些制度可以是法律法规、组织结构、社会规范、经济政策等。

制度的建立和演变通常是一个复杂的过程，涉及社会的变革、文化的传承、政治的决策等多个方面。它们可以在不同层级上存在，从个人行为的规范到国家政府的治理体系，都可以被看作是一种制度。它们在人类社会中发挥着重要的作用，促进了社会的稳定、发展和进步。

海洋制度是指国家在海洋领域内制定的一系列法律法规、政策和规定，旨在规范和协调人与海洋之间的关系，保护海洋环境，促进海洋资源的合理开发、利用和保护。这些制度在国家内部具有明显的强制性和约束性，是国家行使主权的体现。

与海洋习俗不同，海洋制度是经过国家立法或政府决策形成的，是一种有组织、有条理的管理方式。它涵盖了海洋资源的开发与保护、海洋环境的保护与治理、海洋科研与技术、海洋安全等方面，以确保海洋资源的可持续利用，维护国家海洋权益，促进海洋领域的科学发展。

海洋习俗则更多地强调的是传统的、习惯性的行为方式，是在长期的社会实践中形成的，通常是基于共同的经验和价值观。这些习俗可能不一定有法律约束力，但在社会中起到了规范和引导行为的作用，有助于海洋环境的保护与改善。

海洋制度与海洋习俗在管理和保护海洋资源、保护海洋环境等方面都具有重要作用，它们相辅相成，共同构建了国家和社会在海洋领域的规范与秩序。

一、由区域法到国际法

早在公元前 18 世纪左右，《汉谟拉比法典》中就载有与海洋活动相关的条款，内容涉及商船租金、船工责任、两船相撞责任等，堪称当时世界上最完善的海商法。

《罗得海法》是形成于公元前 3 世纪左右、关于协调城邦之间海上贸易关系的行为准则。之所以不将其称为法律，是因为至今并未发现《罗得海法》的全部文本，有关内容仅散见于古罗马法学家的著作之中。

8 世纪左右，拜占庭在继承和发展了古代法律的基础上形成了《罗得海商法》，这是一部涉及海事贷款、船舶碰撞、共同海损、海难救助等海事法律制度的成文法，在中世纪的拜占庭与东地中海贸易活动中发挥了重要作用，它的出现结束了地中海贸易无法可依的局面。其部分法条精神先后被马其顿王朝和阿拉伯人所采纳，并发展出了适应本国的海商法。《罗得海商法》上承古代两河流域和希腊等文明发达地区的海商法，在此基础上对优士丁尼《学说汇纂》中的海商法进行了重要继承和发展，下启中世纪的《阿玛斐表》和《康索拉多海法》等著名海商法典。《罗得海商法》对保存和发展古代海商法律文明作出了重要贡献，为后来的海商立法奠定了基础，它所确立或者重申的船舶碰撞中的共同海损等方面的制度的影响从中世纪一直持续到现在。因此说来，《罗得海商法》具有承前启后的重要历史地位，是世界海商法史链条上不可或缺的重要一环。[①]

12 世纪左右，《奥列隆惯例集》被大西洋和白令海沿岸地区所认可。该部法典继承古代罗马海法的传统，对船长的权利、义务，船员的责任划分、生活工作规范，货物运输过程中突发事件的处置与责任认定等诸多事项作出了详细的规定，标志着海商法历史进入一个新的阶段。

14 世纪中叶的《康索拉多法典》（也称《康索拉多海商法》）是欧洲中世纪最著名、最全面的一部海商法成文法。这部法典不仅为建立和完善世界海事赔偿责任限制立法奠定了坚实的法律基础，而且为世界公司法的发展开辟了道路。该法规定的责任限制制度毫不逊色于著名的《罗得海商法》所规定的共同海损制度，甚至可以说，该制度对世界的贡献要远远大于共同海损制度，因为它不仅影

① 王小波 .《罗得海商法》研究 [M]. 北京：中国政法大学出版社，2011.

响了海上的法律，而且还影响了陆上的法律。[①]

1493 年，罗马教皇亚历山大六世为了调解葡萄牙与西班牙因海上殖民地而引发的矛盾与战争，便在地球的南极和北极之间画了一条线，两国签订了《托德西拉斯条约》，规定线西属于西班牙人的势力范围，线东则属于葡萄牙人的势力范围。这条线被称为“教皇子午线”，也就是这条线开启了欧洲列强瓜分世界、划分势力范围的血腥 500 年。

1605 年，格劳秀斯为荷兰东印度公司捕获葡萄牙“凯瑟琳”号的行径撰写了一篇名为《捕获法》的辩护词，为荷兰参与国际贸易和海上航行安全提供了法律依据。该辩护词的第 12 章在 1609 年以《海洋自由论》为题目公开发表，这意味着荷兰从法理层面向教皇子午线发起了挑战。格劳秀斯在文中对战争的权利进行了深刻论述，并在《海洋自由论》这一章节中提出和论证了海洋属于全人类的观点，以及任何国家都拥有海上自由航行与自由贸易的论述，此文也奠定了格劳秀斯“海洋法之父”的历史地位。虽然其目的并不能摆脱为荷兰谋求海上自由活动的时代背景，但他磅礴的视野客观上影响了后世国际法的原则。

1618 年，英国法学家约翰 · 塞尔登撰写了《海洋闭锁论》驳斥格劳秀斯的“海洋自由论”，提出海洋和土地一样可以成为私有的领地或财产，可以被国家占有并进行管辖。这是基于英国自身利益需求而提出的观点，符合当时海洋强国的诉求。

1853 年，欧洲七国爆发克里米亚战争，地中海和黑海成为主要战场。1856 年，奥地利、法国、英国、俄国、普鲁士、撒丁、土耳其等七国签署《巴黎海战宣言》（以下简称《宣言》）。《宣言》就过

① 黄永申 . 试探海事赔偿责任限制的法律历史渊源：《康索拉度海商法》[J]. 中国海商法研究，2015，26（2）：60-70.

去国际上争论不休的战时海上捕获权问题及海战时中立国的权益问题确立了四项基本原则：（1）废除私掠船制度；（2）除战时禁运品外，禁止拿捕悬挂中立国旗帜的船舶上的敌国货物；（3）除战时禁运品外，禁止拿捕悬挂敌国旗帜的船舶上的中立国货物；（4）封锁要有拘束力，必须有实效，即必须由一支真正足以阻止进入敌国海岸的部队所维持。《宣言》是世界上第一个国际海上武装冲突法条约，也是第一个国际武装冲突法公约。它的生效不仅标志着国际海上武装冲突法的诞生，也标志着国际武装冲突法的诞生。它对海上武装冲突法乃至武装冲突法的编纂具有重要的促进作用，在它诞生之后的一个多世纪里，国际社会相继缔结了 21 个国际海上武装冲突法公约，编纂了两个相关国际法律文件，与陆战、空战相比，国际海上武装冲突法成为“武装冲突法中最早形成、最为发达、所占条约数量最多、应用较为广泛的法规体系”。同时，它也适应了发展资本主义自由经济的需要，在一定程度上保护了战时海上贸易。

1930 年，国际联盟中的 47 个国家代表在海牙召开以编撰国际海洋法为主题的会议，由于分歧较大并未成文。1945 年联合国成立，先后召开三次海洋法会议。其中，前两次会议受历史环境制约，亚非拉等发展中国家参会数量不多，第三次则是所有主权国家参加全权外交代表会议，一共有 168 个国家或组织参加，是迄今为止联合国召开时间最长、规模最大的国际立法会议。会议通过了《联合国海洋法公约》，该公约共分 17 个部分，连同 9 个附件共有 446 条。主要内容包括：领海、毗邻区、专属经济区、大陆架、用于国际航行的海峡、群岛国、岛屿制度、闭海或半闭海、内陆国出入海洋的权益和过境自由、国际海底以及海洋科学研究、海洋环境保护与安全、海洋技术的发展和转让等，是迄今为止最全面、最综合的管理海洋的国际公约。

在此之前，各国基于对海洋权益的主张和认识，单方面或区域内执行了与海洋相关的法律或条约。例如，英国 1878 年发布《领海管辖权法》，1894 年制定的《商船航运法》；1921 年，国际法协会在海牙召开会议制定的《海牙规则》等。

二、当代中国涉海制度成果

新中国成立后，积极参与海上国际事务，并基于习惯法和国际海洋法的基本原则，作出了积极探索与实践。如：

1951 年颁布了《中华人民共和国暂行海关法》和《中华人民共和国海关进出口税则》及其实施条例，标志着中国真正实现了海关主权的自主管理；1952 年，中国实施《中华人民共和国外籍船舶进出口管理暂行办法》；1955 年，国务院颁布《关于渤海、黄海及东海机轮拖网渔业禁渔区的命令》；1957 年实施《中华人民共和国打捞沉船管理办法》；1958 年，以当时的海洋习惯法为参考，颁布了《中华人民共和国政府关于领海的声明》。此声明中规定了中国大陆及其沿海岛屿的领海采用直线基线，并规定了领海的宽度是 12 海里；同时，对于外国飞机和军用船舶，未经中华人民共和国政府的许可，不得进入中国的领海和领海上空；任何外国船舶在中国领海航行，必须遵守中华人民共和国政府的有关法令。

1982 年颁布《中华人民共和国海洋环境保护法》，使海洋环境污染防治工作走上了有法可依的道路，我国迈进海洋环境保护的法治时代。该法后历经 1999 年修订，2013 年、2016 年、2017 年三次修正，2023 年修订。1983 年颁布《中华人民共和国防止船舶污染海域管理条例》，1984 年实施《中华人民共和国海上交通安全法》，1992 年颁布《中华人民共和国领海及毗连区法》，1996 年颁布《关于中华人民共和国领海基线的声明》《全国人民代表大会常务委员会关于批准〈联合国海洋法公约〉的决定》，1998 年颁布《中华人民共和国专属经济区和大陆架法》。

2002 年施行《中华人民共和国海域使用管理法》，2009 年施行《中华人民共和国海岛保护法》，2012 年发表《中华人民共和国政府关于钓鱼岛及其附属岛屿领海基线的声明》，2016 年施行《中华人民共和国深海海底区域资源勘探开发法》。

1949 年以来，我国先后通过声明、照会、公告等多种形式，与日本、越南、马来西亚、菲律宾等国家或国际组织缔结合约或达成共识，切实保障了我国合法的海洋权益与主张。

以上仅仅介绍了我国一些具有里程碑意义的海洋制度，时至今日，中国涉海法律制度覆盖面和内涵相当庞杂，其互为支撑构成了相对完整的海洋法治体系。随着我国海洋法治实践的不断丰富，国内国际海洋制度必将日趋完善，为建设和实现海洋强国提供法理支撑。

第六章　海权思想的演进

海权思想是海洋实践文化中的重要组成部分，可以说它贯穿了沿海国家发展历程，塑造了海洋文明的精神内核，尤其是在近现代，深刻地影响着世界格局与发展趋势。

海权是相对陆权而言的，指的是以国家为主体控制海洋、支配海洋的权利与能力。自沿海地区发展出城邦或国家起，海权就已经事实上存在了。当沿海国家（或城邦）以集体利益为诉求，在渔业资源与航道控制方面试图占有更大的权益时，海权的争夺便以或显性或隐性的形式出现了，进而刺激了海洋军事的萌芽、发展与竞争。尤其是近代以来的历史，就是海权发展的历史，哪个国家拥有了海权优势，就会具备成为世界性大国的前提，且不论国土面积的大小与国民数量的多寡。

海权的物化就是国家海上力量，包括海军及其舰艇为主的武器装备，也包括国家的海上执法力量、商船队伍、渔船和科学考察船。海军是其中最重要的部分。用现代的语言表述，物化海权属于国家的硬实力。海权还有属于软实力的部分，就是生产关系、上层建筑和意识形态，集中表现在国家对经济结构的选择和对海权的理性认识上，特别是以海权理论为指导的、主动的海上力量运用。[①]

① 张炜．海洋变局 5000 年 [M]. 北京：北京大学出版社，2021.

第一节 海权思想的萌芽

纵览人类发展史，中华民族在海洋生产、海洋科技、海洋贸易等方面为世界作出了巨大贡献，并开辟了举世瞩目的海上丝绸之路，创造出数额巨大的官方与民间财富，“海洋经济”甚至在某些历史片段中承担着巩固国本的重任；与此同时所培育出的以“郑和舰队”为代表的海上军事力量更是冠压群雄，成为16世纪前全球海上战力的顶尖存在。

强大如斯，中国历朝历代却从未发生过依靠军事力量，控制国际海洋通路、霸占海洋资源、战舰封堵他国、登陆掠夺物产的国家行为。究其原因，首先，自秦大一统后，中华民族便拥有了广袤的国土疆域、丰富的地理环境、巨大的人口规模，以及可持续的区域生存闭环。在这样一个超级统一的大陆上，生产资料可以资源互补，经济贸易可以相互流动，即便是面临大规模战争或自然灾害依然具备足够的生存纵深。其次，在中华民族文明史上，我们更多的是将海洋作为获取鱼盐之利、通衢东西南北、易货邦交海防等社会活动的载体，而并非决定中华民族生死存亡的必要因素。

故而大海于中国人来讲，可以是“日月之行，若出其中。星汉灿烂，若出其里”的深邃远望，可以是“君不见黄河之水天上来，奔流到海不复回”“春江潮水连海平，海上明月共潮生”的浪漫想象，可以是“黎山千仞摩苍穹，颛颛独在大海中”的骄傲孤寂，亦可是“夜静海涛三万里，月明飞锡下天风”的胸怀与光明。海洋始终是中华民族哲学思想的对象、文学灵感的源泉、神话元素的采撷之地，却绝不是血与火的象征、杀戮与掠夺的工具。因此，中华文化从未孕育出控制海洋、霸占海洋的海权思想。

与此同时，在 2000 多年的历史长河里，古代中国以其广袤的领土面积、稳定的国家结构、庞大的经济体量、先进的文化影响力成为亚洲东部区域的主导力量，并形成了世界历史上绝无仅有的国际秩序范例——朝贡体系。它开启于先秦，成形于两汉，发展于隋唐宋元，明帝国时期达到巅峰，其范围包括现今的日本、琉球、朝鲜、菲律宾，东南亚、南亚，中国北方和西方等[①]。受中华传统文化的影响，这个庞大的国际体系以和平稳定、均衡自守为原则，藩属国承认中国的上邦地位、接受上邦的册封、定期向帝国进贡；中国居中协调国与国之间的原则性矛盾与冲突，通过册封承认执政者的合法身份，通过回贡的数量与质量彰显帝国态度。

需要说明的是，东方朝贡体系与西方殖民体系具有本质上的不同。在朝贡体系中，中国不干涉藩属国内政、不侵占藩属国资源、不委派朝廷官员镇守、不收取藩属国赋税、不派遣军事力量、不任命藩属国官员。朝贡体系在亚洲东部秩序和平、文化交流、政治互助、军事均衡、经济流通等方面发挥着重要作用。尤其是在商品贸易、民生物资方面，为 100 多个国家搭建了生产资料互通流转的平台，正是因为沿海国家对必要生产物资的补充与交换具有天然的安全感，所以始终没有将海上通道列入生存要素清单。

与此相较，早期欧洲文明“由海而起，因海而兴”。受地理环境和气候特征影响，西欧地区主要粮食产量并不能满足日益增长的人口需求，同时，以城邦和部落为主的社会形态，难以实现粮食、金属、石料、副食、木材等生活必需物资的有效流转。因此交易行

① 经相关学者考据汇总，《明会典》中梳理出 111 个朝贡国，《明史》中梳理出 148 个朝贡国。笔者认为受时间跨度、各国历史沿革、对朝贡关系标准的判定，以及史书记载的主观性等综合因素影响，这些国家的具体名称与准确数量存在商榷空间，后人很难还原历史翔实数据，因此 100 多个朝贡国家的描述仅作概数。

为便逐渐发展成重要的社会活动，而地中海作为沿岸国家互通有无的生命航道，更是国与国之间的必争之地。

公元前 5 世纪，希腊城邦与波斯帝国发生的“希波战争”；公元前 431 年至公元前 404 年，以雅典为首的提洛同盟与以斯巴达为首的伯罗奔尼撒联盟之前发生的“伯罗奔尼撒”战争；公元前 264 年至公元前 146 年，古罗马与迦太基之间的三次“布匿战争”等，其本质都是为了争夺海上控制权。因为地中海国家深知谁能掌握海上航行的权力，谁就可以垄断地中海地区的贸易活动，进而扩大本国势力范围，提高国家综合实力，最终获取更多的生存资源。因此“海权”的归属直接决定了国家（部落或城邦）的生死存亡，属于生存要素，不争就意味着消亡。虽然并无信史佐证在公元前时期欧洲形成了系统化的“海权”的概念，但其现实行为基本符合当今世界对“海权”的理解和认识，所不同的是“海权”的定义与内涵，在历史的演进下不断丰富与拓展，但其要求控制海洋的本质没有改变。

故而在谈及“海权”时，我们习惯将欧洲国家作为观察对象，这并不是在否定中华民族或其他沿海国家的海洋行为，而是各方在“海权思想”的建构源点就存在着根本性的差异。相比较而言，西欧国家对海权的诉求更为迫切，所导致的影响更为剧烈，相对历史起点较为靠前，所呈现出的主动性、进攻性、破坏性等特征更具观察价值；在 18 世纪至 20 世纪中叶期间，东方国家海权意识的萌芽整体趋向被动，可以看作是对西方国家依托海洋开展侵略和殖民行为的应激反应，虽然其发展速度在世界局势和科技革命的双重作用下突飞猛进，但仍然没有脱离传统意义上的“海权”范畴。

20 世纪 90 年代以后，传统海权思想逐渐转向，主要体现在由军事对抗转变为国际合作，由大国专属转向为多国参与，由资源掠夺性开采转向为可持续发展，由少数国家获利转向为人类公共利益等方面。特别是中国“一带一路”倡议的提出，以及“21 世纪海上丝绸之路”的实践，为世界提供了超越传统海权概念的新思路，并成为 21 世纪最具影响力的国际公共产品。

第二节 海权思想的发展

一、海权思想的首次全球化

伊比利亚半岛位于欧洲西南部，是欧洲最大的半岛之一。它包括了现代的葡萄牙、西班牙和安道尔等国家，西部和南部被大西洋环抱，东部则与地中海相连。伊比利亚半岛北面是法国和安道尔，南面则是地中海和大西洋。

在古代，腓尼基人、希腊人和罗马人都在伊比利亚半岛上建立了海上贸易中心，他们带来了许多海洋文化的元素，如渔业技术、航海知识和船舶建造等。伊比利亚半岛上的古代城市，如塞维利亚、卡迪斯和巴塞罗那等，都是重要的港口城市，这些城市的海洋文化和贸易活动对欧洲的海上贸易发展作出了重要的贡献。

中世纪时期，穆斯林王朝统治下的伊比利亚半岛上的城市，如格拉纳达、塞维利亚和科尔多瓦等，也是重要的海上贸易中心和航海中心。这个时期的穆斯林海员和商人不仅贡献了重要的航海技术和航海知识，还创造了独特的海洋文化和艺术风格，如阿拉伯式的船舶装饰和陶瓷等。

中世纪后期，葡萄牙和西班牙都相继建立了民族国家。在葡萄牙，国家的建立过程始于 12 世纪初期，当时的葡萄牙是被穆斯林阿拉伯人征服并统治的，但随着基督教势力的扩张和内部王权的加强，葡萄牙开始走向国家独立。在 1143 年，葡萄牙第一个国王阿方索一世宣布葡萄牙独立，葡萄牙成为欧洲最早的民族国家之一。

而在西班牙，国家的建立过程则更加复杂。在中世纪，现在的西班牙地区由各个王国和众多小国家组成，包括阿拉贡王国、卡斯蒂利亚王国、纳瓦拉王国、莱昂王国等。这些王国之间有时是相互联盟，有时是互相征战，形成了一种复杂的格局。最终，在 15 世纪末至 16 世纪初，由卡斯蒂利亚和阿拉贡的联合国家建立了现代西班牙国家的雏形。

（一）拨开海洋迷雾的葡萄牙

公元前 1000 年，已有凯尔特人在伊比利亚半岛定居下来。公元前 140 年前后，罗马人征服了葡萄牙，并一直统治到 5 世纪日耳曼部落入侵。711 年，穆斯林入侵，仅葡萄牙北部还在天主教的手里。1139 年，该地区成为葡萄牙王国，并随着重新取回穆斯林所占据的部分而扩张起来。

1143 年，一个独立的君主制国家葡萄牙在光复领土的战争中应运而生，并且得到了罗马教皇的加冕，这是欧洲大陆上出现的第一个统一的民族国家，此时的葡萄牙统治者得到了贵族与民众的拥戴与支持，统一的国家与强大的王权，使葡萄牙具有了强烈的民族归属感，但离实现国家的强盛，却还有很长一段路程。葡萄牙只有不到 10 万平方千米的发展空间，资源十分匮乏。东面近邻的绵绵战火不断侵扰着这块贫瘠的土地。独立之后的葡萄牙王国在经历了两个世纪之后也依然是危机四伏，风雨飘摇。这个率先建立的民族国家未来在哪里？一直靠近海捕捞为生的人们，不得不把目光投向被称作“死亡绿海”的大西洋。

当时的欧洲对于香料的需求量巨大，然而陆上贸易通道长期以来被阿拉伯人把持，欧洲内部常年战火不断，车拉马驮的运载能力加之商路上的匪盗与损耗，使得由陆路流转的香料变得更加金贵，同时也更加艰难。通过海洋直接与东方取得联系，是欧洲人近千年的夙愿，也是一个巨大的商机。

文艺复兴为黑暗的欧洲中世纪带来了曙光，科学和人文的思想逐渐开始传播。1406 年，一本尘封 1200 年的书籍的出版引发了一场地理知识和观念的革命，那就是古希腊地理学家托勒密的著作《地理学指南》。这本书和其他科学书籍一样，在漫长的中世纪一直被宗教的阴影所笼罩，意大利的再版才使其重见天日，这不得不感谢来自东方古国印刷术的加持。那时托勒密绘制的世界地图在现代人看来是漏洞百出。比如非洲和南极紧紧相连，亚洲、非洲和欧洲紧紧相连，在此之外是茫茫大海等，但在当时这已经比虚无缥缈的神话和道听途说的游记可靠多了。

在里斯本的海边伫立着一座发现者纪念碑，这个船型的纪念碑是 1960 年葡萄牙政府为纪念航海家恩里克逝世 500 周年而建。碑的正面写着：献给恩里克和发现海上之路的英雄。正是海上之路，使葡萄牙摆脱了贫穷和落后的境遇，正是在恩里克的带领下，葡萄牙启动了征服大海的行程。

恩里克王子是葡萄牙国王若昂一世的第三个儿子，也是 15 世纪欧洲海上发现和海上扩张的核心人物，被誉为欧洲地理大发现的开启者。他坚信海洋是葡萄牙的希望，他坚信一定有一条可以通向东方的航路。于是，恩里克在萨格里什建立了全世界第一所航海学校，系统地研究航海科学和技术，天文台、图书馆、港口及船厂等设施相继而起，为葡萄牙日后成为海上霸主，奠定了基础。

葡萄牙的地理位置限制了其在地中海地区的扩张，但同时也激发了葡萄牙人开拓大西洋的雄心壮志。葡萄牙的西部和南部面向大西洋，这为葡萄牙进行海洋贸易和探险提供了优越的条件。大西洋对于当时的葡萄牙人来说是一个未被开发和探索的神秘领域，也有着丰富的资源和机遇等待着被开发和利用。因此，葡萄牙选择了向大西洋进军，开拓新航线，探索新世界，以获取更多的财富和势力。恩里克成为这项事业的推动者。

恩里克王子鼓励他的父亲征服北非海岸的由穆斯林控制的休达港口，这对于葡萄牙在政治、经济和军事等方面都有着重要的意义。休达港口是当时北非海岸重要的贸易中心，对于葡萄牙来说，控制这个港口可以打通与西非和地中海的贸易线路，从而实现对贸易的控制和利益的获取；在政治和军事上，当时，葡萄牙和穆斯林控制的北非海岸存在着长期的冲突和争夺，征服休达港口可以加强葡萄牙在该地区的地位和影响力，同时也可以防止穆斯林向葡萄牙领土发动进攻。

在恩里克王子的支持下，葡萄牙探险家开始逐步向南方探索非洲海岸。1418 年，恩里克派出了他的第一支仅有一艘横帆船的探险队，抵达了马德拉群岛中的桑托斯港岛，马德拉群岛就这样被发现了，恩里克王子随后宣布该群岛属葡萄牙所有。1419 年，葡萄牙船队抵达了马德拉群岛的本岛，并在岛上建立了葡属马德拉的首府，此后，马德拉群岛成了葡萄牙探险队的落脚点和物资供应站。1427 年，向西南探险的舰队发现了亚速尔群岛，并将其作为远洋航行的补给站；1432 年，恩里克王子派出 16 条船、数百人和一名牧师，带着几十头牲畜殖民亚速尔群岛。亚速尔群岛的发现和殖民对以后葡萄牙的探险和殖民事业有重要影响，因为它离葡萄牙的距离几乎相当于葡萄牙跨越大西洋到美洲距离的三分之一，这里种植的小麦也可以为葡萄牙本土的粮食供给提供补充。1435 年，葡萄牙人登陆博哈尔角以南 100 海里的加内特湾，他们在那里的海滩上发现了人和骆驼的足迹，证明了这一地区是有生命存在的。1458 年、1463 年、1471 年，葡萄牙三次远征丹吉尔，夺取了摩洛哥几乎所有靠近大西洋的海岸。1441 年，探险队创造了向南航行的新纪录：航行至布朗角（今毛里塔尼亚的努瓦迪布角）。同年，派出的另一支探险队带回来 10 个穆斯林俘虏。这标志着欧洲人开始卷入奴隶贸易。为了支持葡萄牙的航海活动，恩里克在萨格里什建立了航海学校、天文台、图书馆、港口及船厂，为葡萄牙日后成为海上霸主奠定了基石。1444 年组织了以掠夺奴隶为目的的航行，一次带回来 235 名奴隶，并在拉古什郊外出售，这是罪恶的欧洲 400 年奴隶贸易的开始。从 1455 年起，每年都有 800 个黑人被卖到葡萄牙本土为奴。1457 年，飞速发展的经济和黄金储备使得葡萄牙在欧非贸易和欧洲贸易中的话语权提升，国内的贵族和商人对于前往非洲的贸易和掠夺趋之若鹜，王室以统一颁发贸易执照的方式对其抽成。这样的做法由葡萄牙人开启先河，并被后来其他的殖民强权所效仿。

恩里克王子一生从未实际参加航海活动，但因其成就被认为是葡萄牙航海事业的赞助人和奠基人，成为开启欧洲航海大发现时代的核心人物，更获得“航海家恩里克”的尊称。葡萄牙通过海上贸易活动，极大地丰盈了皇家资本，殖民地源源不断地为葡萄牙提供短缺的农产品、副食品以及用于甘蔗种植的劳动力。新航线的开辟使得东方香料、奢侈品不再依赖陆上运输，且运力的提高、运输成本的降低使双向贸易所产生的利润远超预期。

非洲的黄金、铁矿极大改善了葡萄牙的经济基础，金本位货币开始进入有序阶段，这种财富的流入使得葡萄牙成为欧洲最早开始储备金币的国家之一，也促进了欧洲银行和金融机构的发展。在近代欧洲，金融资本的兴起对工商业的发展产生了巨大的影响，从而推动了欧洲经济的发展。同时，这也促进了欧洲贸易与商业的国际化，为近代资本主义经济体系的形成奠定了基础。

宗教信仰在葡萄牙的海洋贸易和殖民扩张中扮演了重要的角色。在 15 世纪和 16 世纪，葡萄牙国内的宗教是天主教，而天主教的价值观和教义对于葡萄牙的海洋贸易和殖民政策有着深远的影响。一方面，天主教教义强调教会的普世性和宣传传教的义务，因此，葡萄牙的探险家和传教士往往是紧密联系在一起的。他们带着宗教信仰进入非洲和亚洲，并试图向当地居民传教。这不仅是一种宗教上的扩张，也是一种文化上的侵略，宗教信仰的同化是葡萄牙保持殖民地稳定的重要因素。另一方面，葡萄牙国王和官方机构对于天主教的支持也增强了国家的凝聚力。国王认为天主教是葡萄牙的国教，因此他们对天主教教皇和教会十分尊重。葡萄牙国家机器的不同部门，如海军和殖民机构，也与教会密切合作。这种密切的合作和支持帮助了葡萄牙在海上贸易和殖民扩张中取得了成功，同时也为其国家带来了凝聚力和信心。

葡萄牙的极盛时期为 15 世纪末至 17 世纪初，其间葡萄牙建立了许多殖民地和贸易站点，其数量因时期而异。根据历史记录，葡萄牙在极盛时期建立的殖民地和贸易站点数量在 50 到 60 个之间。这些殖民地和贸易站点分布在南美洲、非洲、亚洲和大洋洲等地，其中包括巴西、安哥拉、莫桑比克、果阿、马六甲、澳门等地区。这些地区为葡萄牙带来了大量的财富和资源，并且推动了欧洲殖民主义和商业资本主义的发展。更为重要的是，葡萄牙通过海航首发开辟殖民地、贩卖奴隶的国家模式，为今后欧洲全面走向殖民主义提供了重要参考。

（二）初代“日不落帝国”西班牙

在葡萄牙已经通过海洋活动获利近一个世纪后，西班牙才完成收复失土的历史任务。1469 年，卡斯提尔公主伊莎贝拉与阿拉贡王子费迪南联姻；1474 年，伊莎贝拉即位为卡斯提尔女王伊莎贝拉一世；1479 年，费迪南即位为阿拉贡国王费迪南二世，两人的联姻使两人得以共同统治绝大部分西班牙领土，史称“天主教双王”。

15 世纪西班牙的经济状况相对较差。在中世纪早期，西班牙是一个相对较富有的国家，但在 14 世纪晚期和 15 世纪初期，由于内部政治混乱，财政困难和与法国、英格兰等国的战争，使西班牙的经济状况逐渐恶化。此时，西班牙的主要经济活动是农业和手工业，其中手工业的发展相对较为缓慢，主要生产一些粗糙的纺织品和陶器等产品。

15 世纪中期，西班牙经济开始出现起色，贸易和商业活动也开始逐渐发展起来。在邻国葡萄牙的示范引领下，西班牙开始关注海洋贸易，试图通过海上贸易活动来改善经济状况。1492 年，“天主教双王”拿下格拉纳达的同一年，“双王”也资助冒险家克里斯托弗·哥伦布首次扬帆出海寻找新大陆，揭开了西班牙殖民帝国兴盛的序幕。

1492 年 10 月 12 日，哥伦布带着西班牙女王授予他的海军大元帅的称号，率领三艘帆船一路向西航行两个多月，到达今北美洲巴哈马群岛，自此，真正意义上的全球化进程正式开始。10 月 12 日也被定为西班牙国庆日，可以看出此次航行对西班牙的影响有多么深远。

在当时欧洲人的概念里，他们才是世界的中心，也是唯一的主人，大海是无主之地，谁先发现新的资源就该归谁所有。15 世纪初，恩里克王子提出了“联合东方信基督教的国家、和西欧配合，东西夹攻中东、北非伊斯兰教”的庞大计划，深得当时教皇赞赏，于是公开宣告了对葡萄牙的许诺：“凡尚未被占领的土地，全部归葡萄牙所有，任何人不得侵犯！”然而哥伦布在 1492 年“发现”“新大陆”美洲后，在位教皇发布宣告：“我已将哥伦布已经寻获及正在探寻之新地，全托付给了西班牙管理。”葡萄牙与西班牙敏锐地感觉到未来的冲突已经显现，或许他们认为世界足够大，搁置争议共同开发更有利于两国的利益。1494 年，经过一年多的谈判，在罗马教皇亚历山大六世的主持下，葡萄牙和西班牙在里斯本签订《托尔德西里亚斯条约》，在地球上画一条线，把地球一分为二，西班牙统治竖线以西的新发现土地，而葡萄牙将美洲收归囊中，这就是著名的“教皇子午线”。

如此举动，一方面开创了西方国家划分殖民地势力范围的先例，为今后瓜分世界提供了法理依据；另一方面也充分反映出当时欧洲对世界还没有建立完整的概念，欧洲中心论成为他们构建道德与价值观的底层逻辑。

西班牙极盛时期的殖民地覆盖了南北美洲、亚洲、非洲等多个地区。西班牙在拉丁美洲的殖民地包括墨西哥、秘鲁、古巴、巴西等国家和地区，这些殖民地被当作种植园和矿产资源的来源地。西班牙在加勒比海地区的殖民地包括波多黎各、牙买加、海地、多米尼加共和国等国家和地区，这些殖民地主要被用作种植园和奴隶贸易。西班牙在亚洲地区的殖民地主要是菲律宾，菲律宾于 16 世纪初被征服，西班牙在菲律宾建立了殖民政权，并在那里建立了基督教信仰。除了菲律宾之外，西班牙还在亚洲建立了一些贸易据点，如马尼拉、马六甲等。西班牙在北非和撒哈拉以南非洲的殖民地包括摩洛哥、阿尔及利亚、突尼斯和西撒哈拉等地区，这些地区被当作贸易和奴隶贸易的来源地。因其殖民地和领土范围遍及世界各地，地跨多个时区，因此西班牙成为第一个被冠以“日不落帝国”称号的国家。

据统计，从1502年至1660年，西班牙从美洲得到18600吨注册白银和200吨注册黄金，到16世纪末，世界金银总产量的83%被西班牙占领。然而对于美洲来讲却是极大的灾难，到1570年，由于西班牙的殖民战争与源自欧洲的流行病，使墨西哥地区人口数从2500万下降至265万，秘鲁人口数由900万减至130万，美洲原住民印第安人更是减少了90%以上。

15世纪至17世纪是西班牙历史上的黄金时代，在庞大的殖民地资源供给下，其文学、艺术、建筑和科技都得到突飞猛进的发展。西班牙语成为迄今为止使用者数量较多的语言之一，天主教与欧洲文化跟随殖民者由欧洲传播至美洲、非洲和亚洲诸地。

然而，帝国的繁荣并没有惠泽普通百姓，财富的聚集也没有形成有效循环。此刻的伊比利亚半岛就像是久贫乍富的青年，毫不吝啬地挥霍着掠夺来的财物。富丽堂皇的宫殿、奢靡的贵族生活麻醉着既得利益阶层的神经，他们丝毫没有觉察到西班牙与葡萄牙孱弱的国家根基，像极了塞万提斯笔下堂吉诃德的瘦马。

二、海权热战与帝国崛起

海权的本质是对资源的控制，资源的争夺最终会以战争的形式表现出来。

（一）西班牙与荷兰的海权之争

西班牙的无敌舰队为其维持殖民地的统治提供了强大的武力支持，巡弋在大西洋和印度洋的战舰，护送着全球的财富运抵母国。

16 世纪的西班牙虽然富庶强大，却面临着新崛起海洋国家的挑战。

尼德兰革命后的荷兰迅速崛起，在 80 年的战争中，由水手、渔夫、码头工人组成的“海上乞丐”游击队和由工人、手工业者、农民组成的“森林乞丐”游击队共同构成了对抗西班牙殖民者的主力军。“海上乞丐”游击军占领了布里勒、弗雷辛加和恩克赫伊曾等港口城市，封锁了荷兰和布拉班特省的海上贸易通道，把荷兰州和西兰岛从西班牙的统治下解放了出来。

在海上，荷兰人取得的战果最为辉煌。1628 年的马坦萨斯湾海战，在马坦萨斯港（古巴）俘获一支西班牙珍宝船队；1631 年在斯拉克（圣菲利普斯兰岛和欧陆之间的航道），荷兰舰队对安特卫普的西班牙舰队发起了夜间袭击，将港内的西班牙舰队歼灭。此后，西班牙转攻为守；1639 年 10 月 21 日，荷兰海军成功地拦截西班牙海军统帅奥昆多率领的一支由 77 艘西班牙和弗勒芒大型战舰组成的船队，史称“唐斯海战”。此次海战迫使西班牙最后放弃了征服荷兰的企图，同时也为荷兰赢得了海上强国的声誉，标志着世界海军力量的重大转折，西班牙自蓬塔德尔加达海战获取的海上优势已不复存在。西班牙因这次海战在战争之后的 30 年到 18 世纪初，都未能重建其海军优势，荷兰彻底取代其成为世界最强大的海军力量。荷兰人接连取胜，并逐步蚕食了西班牙和葡萄牙的海外殖民地，开始形成一个帝国。

（二）英国与西班牙的海权之争

16 世纪以前，英国的海洋活动实在是乏善可陈。当伊比利亚半岛上的葡萄牙人和西班牙人鼓足了风帆探索全世界的时候，英国人还在盘算着如何把羊毛的生意再扩大一些。这个想法很快就实现了。随着全球贸易的开启，英国的羊毛生意的确比以前红火了太多，“羊吃人”的现象却意外地触发了资本主义的萌芽。逐利的资本是不可能忽视海上贸易这样一项具有丰厚利润的事业的，于是16世纪中叶，英国的渔业、造船业和航海业迅速在资本的支持下成长起来，与之相匹配的是政府同步建立的强大的海军。

同期，英国受王室继承人权利争夺，宗教改革引发的新教与天主教斗争，与法国、西班牙产生外交摩擦，贸易逆差日益严重等多重影响，国内政治动荡、经济萎靡，国家主权与皇室权力遇到全方位挑战。由此促使英国皇室最终决定向海外突围，效仿西班牙的海外殖民与荷兰的商业模式，以达到增加收入、维护国内秩序、消除国外威胁的目的。

为了开辟海外市场，英国商人积极参与大航海时代的探险和殖民活动，逐渐扩大了自己的海外贸易网络。他们通过贩卖奴隶、兽皮、糖、茶叶等商品获取了巨额利润，并逐渐成为欧洲最富裕的商人之一。英国政府向某些公司颁发独家经营某些商品或地区的特许证书。这些公司被称为“特许公司”，它们在政府支持下开展海外贸易和殖民活动，并成为英国崛起的重要推手。其中最著名的特许公司是英属东印度公司和英属西印度公司。政府鼓励造船业的发展，提高海军实力，保护本国商船免受海盗和敌对国家的攻击。政府还通过税收和关税等手段来保护本国工业和贸易。开辟大三角贸易线，通过美洲的种植园向欧洲输出烟草、棉花、甘蔗等商品，由非洲向美洲和世界各地输出奴隶、象牙、黄金等。在北美、加勒比海和印度等地建立殖民地，并通过殖民地的资源和劳动力来支持本国的贸易和工业，通过贩卖茶叶、香料、丝绸等商品获取了巨额利润。

官方海盗活动在英国崛起中扮演了重要角色。为了保护本国贸易和打击敌对国家，英国政府曾经颁布过私掠牌照，允许私人船只攻击敌对国家的商船。这些私人船只被称为“私掠船”，他们可以获得攻击所得的战利品，并与政府分享一部分收益。同时，英国还成立了皇家海盗团，由政府直接控制。这些海盗被称为“皇家海盗”，他们的任务是打击敌对国家的商船，并保护本国商船免受攻击。16 世纪末期，英国女王伊丽莎白一世曾经颁布过“海盗法令”，规定任何攻击英国商船的人都将被视为海盗，并受到惩罚，自己却支持官方海盗行为。在加勒比海地区，英国政府建立了牙买加殖民地，并派遣海盗团队在该地区打击西班牙的商船。

英国的海上贸易与海上劫掠行为严重影响了西班牙皇室的利益，二者之间的海上摩擦与小规模对抗不断出现，西班牙决定征战英国。1585 年，海上军事力量并不能与无敌舰队正面对抗的英国与荷兰签署条约向西班牙宣战，英西战争爆发。

1588 年，西班牙与英国在英吉利海峡进行了一场举世瞩目且决定两个国家命运的海战，史称“格拉沃利讷海战”。西班牙共投入战舰 130 余艘，士兵 2.7 万余人，配备火炮近 1100 门。英国舰队指挥官霍华德和德雷克带领英国舰队的 34 艘战舰、163 艘武装帆船，迎战西班牙无敌舰队。西班牙战舰体型高大，单船载荷士兵人数较多，是接舷战的利器。然而英国的武装帆船体量小，机动灵活，并配有比西班牙战舰射程更远的大炮。因此西班牙舰队无法发挥常规的接舷战优势，却被杀伤力极强的英国大炮摧毁了西班牙战舰，杀死了众多的西班牙水手。7 月 27 日，西班牙舰队因火炮弹药短缺意欲退至法国加来士港修整，英国乘机采用火船搅乱敌军秩序，逼迫无敌舰队绕道返回西班牙。在这段艰苦的撤退途中，西班牙的海员们备受饥饿、口渴和疾病的折磨，猛烈的暴风雪使许多战舰沉入海底，大部分滞留在苏格兰和爱尔兰的海员则或被处死或遭监禁。9 月，这支无敌舰队终于回到了西班牙海域，而人数却只有出发时的一半了。

西班牙无敌舰队的惨败，标志着英国海权的崛起，其势力迅速扩张到北美和印度周边，第二代“日不落帝国”就此走向历史舞台的中央。

（三）英国与荷兰的海权之争

英国与荷兰隔海相望，在同一历史维度中都有壮大的需求与实力。他们是邻居，也是竞争者，他们曾经是并肩抗击西班牙的盟友，却注定要兵戎相见。

荷兰人的商业帝国在17世纪时期达到了巅峰，成为当时世界上最富有、最强大的国家之一。在这一时期，荷兰建立了庞大的贸易网络，拥有强大的舰队，控制着大量的贸易路线和殖民地。

荷兰人依靠发达的造船技术、职业的船长与水手、精明的中间商等独特优势，成功地开展了全球贸易，成为当时欧洲最富裕的国家。17世纪是荷兰经济、文化、政治和科学发展的黄金时期，被称为“荷兰的世纪”，形成了以阿姆斯特丹、鹿特丹、海牙、莱顿等城市为主的世界最繁荣的国际贸易中心，并首创出先进的金融体系，如：信用制度、股票市场、银行、保险等，这些金融工具直到现在依然被广泛使用。据统计，1644年，荷兰就有1000余艘大型商船进行海上贸易，6000余艘小型商船用于捕鱼和运输，并拥有8万名世界上最优秀的水手。成千上万的荷兰商船航行在世界海洋上，囊括了当时全世界五分之四的海上运输量，被称为“海上马车夫”。

荷兰极盛时期，其殖民地遍布全球，涉及亚洲、非洲、南美洲和北美洲。包括：印度尼西亚、斯里兰卡、印度、中国台湾和南非的一部分，荷属安的列斯群岛、苏里南、古巴、加勒比、阿鲁巴、库拉索、博奈尔等岛屿，巴西北部、古亚那、苏里南和库拉索，南非的开普敦，新阿姆斯特丹，等等。

其殖民地大致分为商业据点、稻米种植园、香料种植园、纺织品工厂、金属矿开发、奴隶贩卖等类型。据统计，荷兰在 17 世纪的殖民地经济总量约占当时荷兰经济总量的三分之一。

1640 年，以奥利弗·克伦威尔为代表的资产阶级执政英国，并大力发展海军，仅用 10 年时间，英国海军就已经进入世界先进行列。

强大的海上军事力量是海权的护盾，也是进攻的长矛。

1651 年，英国国会颁布《航海条例》，相关规定直指荷兰航运行业。条例一经颁布，遭到荷兰强烈反对，英国我行我素、不予理睬，冲突的乌云越发浓厚，战争一触即发。1652 年第一次英荷战争爆发，在历时两年的海战中双方互有胜负，1654 年双方签订《威斯敏斯特条约》，荷兰认输并承认航海条例；第二次英荷战争发生于 1665 年至 1667 年，起因于英国订立更严苛的航海法，并占领荷兰位于北美的殖民地新阿姆斯特丹（今纽约），这场战争英国惜败，双方签订《布雷达条约》，英国修改航海法，让出部分商贸利益给荷兰；第三次英荷战争发生于 1672 年至 1674 年，法国于 1672 年入侵荷兰，英国于同时攻打荷兰，但是荷兰于四次海战均获得胜利，英国遂被迫停战，用 20 万英镑换取荷兰部分的殖民地与贸易特权；第四次英荷战争发生在 1780 到 1784 年，英国以荷兰支援美国独立战争为理由发动了第四次英荷战争，最终凭借优势海军彻底击垮荷兰，并掠夺了荷兰丰厚的商队物资与殖民地。自此以后，荷兰的海上势力范围大幅缩水，海上贸易更是一落千丈，英国完全占据了 18 世纪全球海洋支配权。尤其是其在海军制度与技术方面的变革，在全球独领风骚，开启了风帆与火炮的新时代。

（四）英法战争：世界海权的争夺

大航海时代，也是群雄争霸的时代。新航线的开辟拓宽了欧洲各国的视野，靠刀枪剑戟攻陷的城池土地远不如一支舰队掠夺的财富更加让人心动。近代欧洲在位时间最久的雄主——太阳王路易十四把目光转向了大西洋，佩剑出鞘，直指英国。

1648 年的法国，经过“三十年战争”几乎征服了欧洲所有大陆国家，成为名副其实的欧洲陆上霸主。路易十四亲政后 20 年，科尔贝尔担任海军国务大臣，提出以谋求利益为主的海军思想，鼓励海外贸易与扩张，把眼光由欧洲转向全世界。1683 年其去世时，建立起了拥有海军官兵 5.44 万人、战舰 200 余艘的强大舰队，1690 年，法国的战舰总数超出同时期英国与荷兰数量总和。法国海外殖民始自加勒比海岛，继而是占据加拿大、路易斯安那，接着形成西非和印度的贸易据点。法国成为西欧海上殖民和海权的新秀。

在与英国联合绞杀荷兰的过程中，法国看到了海权之下的殖民与贸易活动所带来的财富与机遇，也看到了英荷战争中荷兰的惨败与英国的惨胜，更嗅到了历史进程中难得的契机。

1692 年，法国调集 2 万多人的海军力量横渡英吉利海峡，试图一举夺取英国海上霸主地位，然而面对英国成熟的海军思想与先进的战舰性能，最终铩羽而归。此役不仅使法国无心再染指海权争夺，将重心回归陆权的巩固，更使得英国海军名声大噪、信心倍增，也进一步坚定了发展海洋军事、巩固海权地位的战略。进入 18 世纪后，英国通过封锁法国航线、切断其海上补给、攻击商船等措施对法国予以打击；18 世纪中期，法国联合俄国、西班牙、奥地利与英普联盟再次开战，拉开了“七年战争”的序幕。

1756—1763 年，双方在地中海、大西洋、印度洋和欧洲大陆上相互绞杀，1756 年 5 月，法国舰队在地中海梅诺卡岛海战中击败英国舰队；1759 年，法国舰队先后在拉古什和基伯龙湾被英国舰队击败；1760 年，英国占领法属加拿大、路易斯安那部分地区和西班牙殖民地佛罗里达；1761 年，英国占领法国在印度的主要据点；1763 年 2 月 10 日，英、法两国签订《巴黎条约》，法国将其在北美、西印度群岛、非洲和印度的大片属地割归英国。

此战之后，英国首次骄傲地自称“日不落帝国”，然而自封的称号毕竟缺乏广泛的认可，法国虽然失败却并未善罢甘休。拿破仑的出现又一次向英国海权发起挑战。1793 年，拿破仑用陆上大炮击败英国地中海舰队，并收回法国南部海军基地土伦；1798 年，拿破仑率领 35000 人乘 300 余艘战舰进攻埃及，大获全胜；1803 年，法国向英国宣战。

1805 年 10 月 21 日，特拉法加海战打响。开战时，双方的海军实力差距不大。法西联合舰队有战列舰 33 艘。其中一艘是当时最大的四层火炮甲板战列舰“至胜三一”号，其他的战列舰是：3 艘三层甲板战列舰；6 艘 80 门炮船；22 艘 74 门炮船；1 艘 64 门炮船。此外，法西舰队中还编有 13 艘各类巡洋舰，光战列舰就有侧舷火炮 2626 门，共载官兵 21580 名。

英国舰队原来共有战列舰 33 艘。由于派路易少将组织马耳他护航队调走了 6 艘。留在纳尔逊编内的 27 艘战列舰中 7 艘是三层火炮甲板战舰，其余 20 艘为双层火炮甲板战舰。合计火炮 2148 门，官兵 16820 人，外加 4 艘巡洋舰和几艘辅助船。

这是英国海军史上的一次最大胜利，英国指挥者是历史上最具有传奇色彩的英国海军中将霍雷肖・纳尔逊，战斗持续 5 小时，由于英军指挥、战术及训练皆胜一筹，法兰西联合舰队遭受决定性打击，主帅维尔纳夫和 18 艘战舰当场被俘。英军主帅霍雷肖・纳尔逊海军中将也在战斗中阵亡。此役之后法国海军精锐尽丧，从此一蹶不振，拿破仑被迫放弃进攻英国本土的计划，并颁布了“大陆封锁令”，禁止英国与欧洲大陆进行贸易，以期在经济上封锁英国。但是法国却不能控制海洋，英国海权在手，亚洲、非洲、美洲、大洋洲的殖民地为其提供了强大而持久的支持。1815 年，英国在拿破仑战争中的胜利，使大英帝国步入了全盛时期。

300 年的海洋霸权，英国侵占了比本土大 150 倍的海外殖民地，全世界三分之一以上的商船悬挂着英国国旗。1922 年，通过第一次世界大战获得德国殖民地后，英国国土面积达到 3367 万平方千米，约为世界陆地总面积的 24.75%，从英伦三岛蔓延到冈比亚、纽芬兰、加拿大、新西兰、澳大利亚、马来西亚半岛、缅甸、印度、乌干达、肯尼亚、南非、尼日利亚、马耳他、新加坡以及无数岛屿，地球上的 24 个时区内均有大英帝国的领土。

英国经济学家杰文斯在 1865 年曾这样描述：“北美和俄国的平原是我们的玉米地，芝加哥和敖德萨是我们的粮仓，加拿大和波罗的海是我们的林场，澳大利亚、西亚有我们的牧羊地，阿根廷和北美的西部草原有我们的牛群，秘鲁运来它的白银，南非和澳大利亚的黄金则流到伦敦，印度人和中国人为我们种植茶叶，而我们的咖啡、甘蔗和香料种植园则遍及东西印度群岛。西班牙和法国是我们的葡萄园；地中海是我们的果园；长期以来生长在美国南部的我们的棉花地，现在正在向地球所有的温暖区域扩展。”

第二次世界大战结束后，随着全球民族主义运动的兴起和英国国力的日渐式微，其殖民地纷纷独立，与此同时，新兴霸权国家美国的崛起，也促使大英帝国逐渐瓦解，英国霸权时代结束。

（五）美国海洋霸权的确立

美国用 169 年就发展成为世界强国。独立之前的美国与宗主国相比确实太寒酸了，由于殖民者所建立的重点城市大多都在沿海，因此海权几乎就是美国国防的全部。在《独立宣言》发表之后，英国的舰队便封锁了东海岸港口，数百艘舰船和上万名士兵令华盛顿的民团无力抵抗，最后不得不向法国求助，借助法国海军与英国抗衡。经过六年半的抗争，英美于 1783 年签署《巴黎条约》，英国承认北美 13 洲独立。

独立后的美国致力于解决国内矛盾，无力发展海上军事力量，但其海上商船频频遭到劫掠，海上贸易受到严重威胁。于是在 1797 年，美国国会通过《海军法案》，决定建立海军。1812 年，第二次英美战争爆发，美国采取海上游击战法以弱胜强；1815 年，美国常备海军诞生，海军体系走向正轨；1823 年，美国总统门罗发表《门罗宣言》，以保护美国海洋贸易为由，在地中海、大西洋和加勒比海、东太平洋等海域进行巡航；1842 年美国成立海军部；1846—1848 年，美国海军对墨西哥作战，获得得克萨斯主权，并逼迫墨西哥将加利福尼亚、内华达、犹他州、亚利桑那州大部分、新墨西哥、科罗拉和怀俄明州部分领土割让给美国；1853 年，美国东印度舰队将“黑船”开进日本，强行与日本签订了通商条约；1890 年，美国通过新的《海军法案》，批准建造远洋武装战舰，这也标志着美国海军由以近海防御向远洋扩展的转变；1905 年，罗斯福在国会的支持下建造了 10 艘一级战列舰、4 艘装甲巡洋舰和 17 艘其他舰艇；1907 年，美国舰队环游世界显示军力国威；1914 年，美国国民收入和海军综合战力进入世界前列；1918 年，一战结束后的美国深度介入欧洲经济秩序与国防建设，海军力量飞速壮大；1945 年，二战结束后美国综合国力跃居世界首位；1991 年，苏联解体，美国成为唯一超级大国，海洋霸权地位确立，凭借其强大的海上军事力量，占据了世界上多数航行要道，部署了遍布全球的海军基地。据不完全统计，二战结束至 2021 年，美国主导、发起或参与了全世界 81% 以上的武装冲突和战争。

第三节　海权思想的理论化

海权思想理论化的过程，也是人类对海权进行定义、诠释、解构与重建的过程，将长期保持发展与丰富的运动姿态。

一、海权的实体化

海权作为控制海洋的一种概念并应用于实体分配要从“教皇子午线”算起。在 15 世纪的欧洲人的认识里，他们才是世界的中心，也是海洋唯一的主人，大海是无主之地，谁先发现新的资源就该归谁所有。葡萄牙作为大航海时代开启者与先行者，在海上殖民与海洋贸易中赚得盆满钵满，西班牙后来者居上，双方在新发现的土地归属上产生了分歧与战争。

1493 年，教皇亚历山大六世出面调解，并提出“教皇子午线”的概念。即在大西洋中部亚速尔群岛和佛得角群岛以西 100 里格（league，1 里格合 3 海里，约为 5.5 千米）的地方，从北极到南极划一条分界线。线西属于西班牙人的势力范围，线东则属于葡萄牙人的势力范围。根据这条分界线，大体上美洲及太平洋各岛属西半部，归西班牙；而亚洲、非洲则属东半部，归葡萄牙。其后，分别于 1496 年和 1529 年对分界线进行了调整。

“教皇子午线”第一次把控制海洋的权利实体化，开启了近代列强殖民世界、瓜分世界、划定势力范围的先河。此后 500 年，欧洲国家均以此为理论依据，打着传播基督教教义、占领异教徒土地的旗号，开启了血腥的殖民历史。

二、海权的法理化

17 世纪崛起的荷兰对海洋权益产生了强烈的诉求。面对教皇以敕令的形式将全球分配给葡萄牙和西班牙的现状，荷兰法学家、国际法和海洋法的先驱格劳秀斯发表了《海洋自由论》(英文名称是“The Freedom of the Seas or the Right Which Belongs to the Dutch to Take Part in the East Indian Trade”，直译为《论海洋自由或属于荷兰参与东印度贸易的权利》)，以法理的角度阐述海上航行与自由贸易的思想，反对海权垄断与势力划分。当时格劳秀斯要求匿名发表，因为挑战“教皇子午线”的法理基础，就是在质疑教皇在世俗事务领域的管辖权限。

格劳秀斯认为，航海和贸易是平等地属于所有国家的权利，教皇既不是世俗世界之主，也不是海洋之王。葡萄牙人没有禁止任何其他国家为去往东印度群岛而进行海上航行的权利。任何一个国家以任何方式反对任何其他两个国家自愿地建立双边和排他性的契约关系都是不正当的。

格劳秀斯是首位在法理层面驳斥“教皇子午线”的正当性，并主张国际法的学者，其《海洋自由论》一经问世就受到各方瞩目，并为今后海洋法系提供崭新的思路。

1702 年，荷兰另外一名法学家宾刻舒克首次提出了“海上主权”的概念，进一步丰富了海权的内涵。他认为海洋分为“从陆地到权利所及的地方”和公海两个部分，前者属于沿海国家的主权管辖范围，后者则不属于任何国家所有。他提出了一个著名的主张，即“陆地上的控制权，终止在武器力量终止之处”。也就是说，一个沿海国家的海洋管辖范围有多大，取决于威力最大的大炮能射击到多远海域。

1782 年，意大利法学家费迪南多·加利亚尼通过测算当时大炮最远射击距离，确定宾刻舒克主张的国家管辖海域（领海）距离应当是 3 海里左右。这一说法得到了当时多数国家的认可，因为这样的宽度意味着可以保护岸面领土的安全。由此，“领海”与“公海”的概念得到认可，而领海同时也具有了国家主权的性质。然而科学技术的发展决定了大炮不会一直都保持在 3 海里的射程，它的变化必然会引发更多的分歧。

19 世纪的科技革命助推了人类全产业的升级，海洋探索也在其中。更远的航线、更多的鱼群、新的海底矿产资源被发现，尤其是海底石油的出现，使越来越多的国家开始宣布对本国 3 海里领海的所有权。

自此，海权的法理框架基本形成，其后关于大陆架、渔业经济区等国际公约基本没有脱离这一范畴。

三、海权思想的系统化

如果没有海外殖民地、海洋贸易、海洋资源，或许人类就不会产生控制海洋的欲望。事实上，在 17 世纪中期，英国军人沃尔特·雷利就提出了“谁控制了海洋，谁就控制了贸易；谁控制了世界贸易，谁就控制了世界的财富，最终也就控制了世界本身”的论断。他认为，任何海洋国家仅仅依靠沿海工事是不能防御来自战舰上的攻击的，只有依靠强大的海军才能形成稳固的国防，并依靠海洋征服世界。可以说，沃尔特·雷利是最早的“海权”主义倡导者。在他的建议下，克伦威尔用10年的时间建造了一支装备精良、训练有素的海军队伍，令英国一跃成为海上强国。

如果说，海权的重要性体现在航线安全的保障、海上贸易的畅通、海军实力的优劣、领海面积的多寡等方面，那么这些概念依然处在碎片化阶段。真正将“海权”提升到理论层面，并将其作为立国强国的指导思想进行系统化实践的，当属美国军事理论家阿尔弗雷德·塞耶·马汉，其著作《海权对历史的影响（1660—1783）》《海权对法国革命和法帝国的影响（1793—1812）》和《海权与1812年战争的联系》被后世称为马汉“海权论”三部曲。马汉最突出的贡献就在于通过对历史的详尽叙述，从而将此前有关海权的分散理念综合成为一套逻辑严密的哲学，并进而在此基础上系统地阐述有关海权的若干具有根本性质的战略思考和战略原则。

马汉认为，海权包括两大部分，即海上军事力量和海上非军事力量。海权最核心的部分就是海上军事力量，也就是海军。海上非军事力量主要是指以海外贸易为核心、以获取商业利润为目的的海洋设施、工具和手段。海上商业在任何时代都是财富的主要来源，而财富具体象征着一国的物质和精神活力。

在马汉的海权思想中，海军始终处于核心地位。他认为，应将夺取和控制制海权作为海军战略的目标，应坚持集中兵力、舰队决战、攻势作战和内线作战等原则，以达到海军的战略目标。在马汉海权思想的指导下，美国逐渐发展出制海权思想，并成为一个海洋霸权国家，其海权思想中的进攻性与控制原则一直延续至今。

马汉的“海权论”得到了世界许多国家的推崇，其中德国、俄国、日本更是将其奉为圭臬。在两次世界大战中，德国海军的规模与战斗力为世人留下了深刻印象，其最终目的是以军事手段与其他欧洲帝国争夺殖民地，而海权的归属决定了战争的走向。俄国自彼得大帝登基后，便致力于寻找合适的出海口，以便实现其雄霸一方的战略目的，最终夺得黑海、波罗的海出海口。日本受美国“黑船”事件影响，决定脱亚入欧，大力发展海军，实施殖民侵略，对东南亚国家和中国犯下了滔天罪行，其间的日俄海战、中日海战、日美海战均反映出日本向帝国主义转变的进程。

19—20 世纪的世界充满着硝烟与战争。在“海权论”的影响下，帝国主义用战舰践踏着贫困弱小国家的尊严，用火炮轰塌了人的良知与底线，用海洋把亚非拉等欠发达国家围成了“羊圈”。

马汉的“海权论”强调海权在国际关系和国家发展中的重要性，提出了海上力量的政治价值。但客观上反映出当时美国对海权重要性的国家认同，同时也反映出了 19 世纪欧美帝国主义国家普遍的世界观与价值观。在消极层面，“海权论”既是以强欺弱、以大凌小霸权思想的集中体现，也在人类世界定义正义与邪恶、战争与和平、发展与权益等方面产生了负面引导作用。

在以马汉海权思想为基础的西方海权体系运行两个世纪后，霸权思维、零和游戏的观念深入人心。许多国家被误导认为只有对抗才能解决自身发展问题。随着发展中国家的崛起，旧的海洋思想受到广泛质疑。中国、印度、越南、新加坡、马来西亚、印度尼西亚等国家纷纷发出关于公平开发海洋的声音，包括日本、韩国在内的美国同盟国家同样提出了基于自身利益的海洋战略主张。中国提出的“海洋命运共同体”思想，逐渐得到世界多数国家和人民认可。

海洋命运共同体思想与人类命运共同体思想一脉相承，是人类命运共同体理念在海洋领域的具体实践和全新拓展。从政治上来看，海洋命运共同体致力于构建全球海洋和平环境，促进国际海洋秩序的公平正义。从经济上来看，海洋命运共同体旨在实现全球海洋可持续发展和共同繁荣；从安全上来看，海洋命运共同体理念倡导树立共同、综合、合作、可持续的新安全观，反对海上霸权主义，走互利共赢的海上安全之路，合力维护海洋和平安宁。

第七章　海盗现象与欧美海洋文化的同构

自人类利用海洋从事生产生活伊始，海盗便随之而生。在历史的裹挟与演进中，他们时而为盗、时而为民，时而为商、时而为军，并作为极具影响力的海上社会团体，对沿海地区的民族结构、价值取向与政治制度的演进与变革产生了不可忽视的能动效应。

海盗，顾名思义海上之盗贼也。他们以暴力手段侵扰沿海城镇，抢夺财物、杀害平民、破坏房产、制造恐慌，于海上劫掠船只、杀人越货、勒索绑架、欺凌弱小，所作所为只为满足个人欲望，其性格暴虐乖张，其手段残忍无道。海盗成员成分混杂，逃难平民、退役士兵、战争俘虏、不义海商、地痞流氓，其中也不乏海盗世家与军人政客。

海盗的起源并没有信史可以印证，仿佛当海盗出现在人类记录中时，便已经是自然而然的存在了。海盗是一种职业，以劫掠和屠戮为生，他们成群结队游弋于汪洋之上，对来往客船、商船等载有一定价值的货物进行武力抢夺，同时实施绑架、勒索赎金。古罗马的盖乌斯·尤利乌斯·恺撒大帝、东汉吴国孙坚等历史名人都曾经历过被海盗绑架。

在中国，凡与“盗”所相及者，均被人所恶之，或被官方围剿，或被民间唾弃，无论他们曾经具有多么强大的势力，却也逃不脱被剿灭或被招安的命运。但令人费解的是，海盗在西方非但没有沦为口诛笔伐的对象，反而演化为一种被颂扬的文化，并成为文学艺术、影视作品的主角，其中缘由颇耐人寻味。长期以来，一些学者在文章或论著中，表述了海盗在文化交流、海洋贸易、宗教传播甚至船舶和海洋科学等方面发挥了积极作用的观点。虽然在历史观点中，可以把海盗归结为一种现象（文化）来研究，但并不能掩盖海盗反人类、反法治的本质，即便在一些文学影视作品中将其艺术化为侠义的形象，也不能擦拭海盗佩刀上的血迹。

从地域分布来看，海盗早期活动集中在地中海、北海、波罗的海和印度洋航线上。地中海是欧洲文明的发源地之一，也是早期贸易的繁荣地区。地中海的地理位置使其成为东西贸易的重要枢纽，这一地区的港口、岛屿和多样化的文化吸引了早期海盗活动，也为海盗提供了藏匿和掠夺的机会。北海和波罗的海位于不列颠岛、挪威、瑞典和丹麦之间，这些国家拥有长海岸线、众多的峡湾和河口，这些地理特点为维京人等北欧海盗提供了理想的基地。寒冷的气候不适于农业耕作，也鼓励了许多人转向海盗行业。印度洋航线连接了非洲、南亚和东南亚，是古代和中世纪贸易的重要通道之一。这一地区的群岛、沿海城市和贸易航线都为早期海盗提供了机会。同时，印度洋广阔的面积使得监管和控制困难，有利于海盗的活动。

从历史时期来看，海盗行为的活跃与海洋贸易发展呈正比。当海洋贸易繁荣时，商船数量增加，货物价值增加，这会吸引海盗进行袭击。商船通常携带着丰富的财宝，这对于寻求赚取快钱的海盗而言具有吸引力。一些关键的贸易路线和港口往往成为海盗活动的热点地区。这些地区通常包括狭窄的海峡、容易藏匿的港口以及交通繁忙的航线，为海盗提供了机会。

从职业属性来看，海盗大体可以分为独立海盗、官方海盗、兼职海盗等三种。“独立海盗”是指那些没有受雇于国家或政府，独立行动的海盗。他们通常没有国家背景，也不受正式政府或私人公司的控制，通常以掠夺和劫掠为主，以追求个人或团队的财富为目标。这些独立的海盗经常在远离国际水域的地方活动，寻找机会，例如孤立的商船、游艇或渔船，然后发动袭击。他们可能使用武器、劫持船员或者进行勒索，以获得金钱、贵重物品或者赎金。

“官方海盗”通常也称为私掠船，是受国家或政府支持的海盗。这种行为在历史上曾相当普遍，尤其在15—19世纪的大航海时代，政府通常会颁发私掠船船长和船员特许状，授权他们袭击敌对国家的船只。这种行为被认为是一种战争策略，目的是削弱敌国的经济和军事实力，主要任务是袭击敌对国家的船只，掠夺财物和捕获船员。这些袭击通常是在国家间的冲突、战争或敌对关系期间发生的，随着国际法的发展，私掠船行为逐渐被视为不道德和非法，国际社会签署了一系列国际公约，禁止私掠船行为。

“兼职海盗”通常指的是那些平时从事正常职业（如渔民、水手、港口、商人、工人等），但在某些情况下，可能会参与非法的海盗行为。这些人可能由于各种原因，如贫困、贪婪、威胁或胁迫，而卷入了海盗行为，而不是专门的海盗。兼职海盗中的许多人是经验丰富的水手或渔民，他们熟悉海洋环境和航行技巧，具有一定的特长，却不具备规模化的海盗资源，多以临时招募的形式出现。

从文化构成的要素来看，海盗现象在一定程度或较大比例上参与了以地中海周边国家为代表的西方海洋文化的构建，并在道德标准与价值认知、社会结构与制度设计、文学艺术与审美取向等领域都显现出较为清晰的因果关系和逻辑继承，同时以各种文化现象的形式展现出来。如美国佛罗里达州自1904年起便每年开始举办“加斯帕里拉海盗节”，主要是为了纪念神话海盗何塞·加斯帕，现已发展成为美国第三大游行，平均参加人数约为30万人。在英国，每年2月都会举办“约克维京节”（也被称作“约克海盗节”），是为了纪念1000多年前维京海盗统治约克而设立的盛大节日，节日现场人们身着维京时代的服装、手持盾牌与维京战斧等特色武器，重现当年的战争情景，同时还有盛大的游行与其他文化展演活动。除此之外，在欧美地区还有大量以海盗为主题的游戏、影视作品、文学作品等文化形式。溯源欧美现行的社会制度与价值观体系，海盗文化的遗存与变形成了其历史文化演进的浓厚底色。

第一节 独立海盗

一、早期地中海海盗

早期的地中海海盗以独立海盗为主，他们不属于也不受雇佣于任何政治势力，在陆地上生活稳定或富足的人一般是不会选择从事海盗职业的，因为真实的海盗并不像《金银岛》《黑海盗》《喋血船长》《加勒比海盗》中的人物那样潇洒浪漫或富有侠义精神。

海上生活乏善可陈，生命的价值或许只是抢劫后的一顿美餐或邮寄给家中妻小的些许财物，但更为常态的是短暂的生命周期与东躲西藏的生活现状。海盗是一份极其危险的职业，被杀、病死、被俘获甚至船沉溺亡像始终悬在他们头上的利剑，随时会掉下来。之所以下决心加入海盗的行列，通常是两种原因所导致：一种是在陆地上的生活遇到极大挫折，或许是犯罪而逃，或许是无业可从，也或许是懒惰与贪婪作祟，梦想一夜暴富、及时行乐；另一种是海上商人在从事贸易活动的同时兼职海盗。当然还有子承父业的家族式海盗，但是由于极高的战斗折损率，除了海盗集团的高层首领会选择把事业传承给家人，底层海盗很少有人会把全家人的命运置于这条不归路上。

位于地中海上的克里特岛诞生了令人瞩目的米诺斯文明。除了发展种植业与畜牧业，四面环海的环境使居民还做起了海上的掮客。因为他们发现古埃及的粮食、黄金和石材在希腊城邦和腓尼基需求巨大，古希腊的橄榄油和葡萄酒也深受地中海沿岸国家欢迎，精明的克里特岛人利用地理位置的优势，做起了海上贸易，并获利巨丰。海上贸易的繁荣令克里特岛一跃成为地中海最富庶的地区，并最早建立起了成规模的海上贸易体系和最早的护航船队。

为了将商业版图进一步扩大，获取更多的原材料与销售渠道，克里特人在伯罗奔尼撒和小亚细亚周边建立了许多商业据点与殖民地，被侵占领地的部分原住民被迫迁往海上，开启了反抗与海盗之旅。当然海盗现象的成因具有相当复杂的环境与历史因素，至今人们并未发现有关海盗起源的有力证据，但因战争或侵略失去领土的沿海居民转化为海盗却是不争的事实。

随着古希腊、威尼斯、热那亚、腓尼基、迦太基、古埃及、古罗马等城邦的兴起与繁荣，地中海的海上贸易越发繁荣，东方的香料、黑海的矿产、北非的粮食、西非的奴隶，还有中国的丝绸经由各方港口和众多商船在地中海周边进行交换，满载黄金、珠宝、奢侈品的船只交织往来，地中海仿佛一盘美食暴露在世人面前。

城市的繁荣并不代表消除了贫困与罪恶，底层的农民、渔民、流民、海员和小手工业者的人数比例占据了城市人口的绝大多数。与贵族和富有的商人相比，他们的生活已经没有更多的东西可以失去了，工作之余兼职出海抢劫或专职从事海盗所得的利益远比在城市中委曲求全得来得容易，况且在掠夺财宝的同时还能发泄对富有阶层的怨气与情绪。因此在贫困、愤怒与贪婪的多重刺激下，地中海的海盗团伙层出不穷。与此同时，繁荣的城邦诞生了更多的贵族，有限的空间与资源，容不下没有公民权的人生活，逃跑的奴隶、落魄的市民、负罪的囚犯、失业的船员等群体，作为最先被排挤出城市的流民也加入了海盗行列。

这些早期海盗的规模和战斗力并不是很强，主要依靠人员数量优势和不惧死的气势战胜对手。他们一般会躲在爱琴海周边密集的小岛周围，观察和寻找落单的商船，伺机靠近后用绳索将双方船只相连，然后登上被抢劫对象的船只进行近身白刃战。为了在气势上压倒对方，海盗往往会身着奇装异服、大声怪叫，并杀光船员后抢劫财物，沉船而逃。早期海盗杀戮心极强，他们担心船主返航后组织力量对其报复。为了应对实力雄厚的船主报复和成功抢劫体量更大的商船，一些海盗逐渐联合起来，形成了早期的海盗组织。伊利里亚海盗便是其中的佼佼者。

伊利里亚是古代地中海地区的一个地区名称，位于今天的巴尔干半岛西部。这个地区包括了现代阿尔巴尼亚、克罗地亚、黑山和波斯尼亚与赫塞哥维纳部分地区。公元前 6 世纪，希腊人在伊利里亚建立殖民地，原住民的生活资源与空间被压缩侵占，伊利里亚人便开启了海盗生涯。公元前 2 世纪，伊利里亚海盗已经遍及整个地中海，他们频繁袭击罗马商船，最终导致罗马发动两次伊利里亚战争并将其划为一个行省。然而伊利里亚人凭借几代人的海盗经验并未屈服，借助广袤的海洋与遍布的海盗与罗马周旋，并吸引了如克里特人等对罗马统治不满的居民和海盗加入，形成了一股强大的反罗马势力。当时还很年轻的凯撒，就在从罗德岛返回意大利的途中被捉获，直至缴纳了赎金才被放回。公元前 67 年，伊利里亚海盗持续袭击由埃及运往罗马的粮船，造成罗马城内饥荒，元老院委派庞培打击海盗，最终俘虏海盗 2 万多人，此外还有 1 万多人在战斗中被打死，还缴获战船 400 艘，焚烧或击沉战船 800 多艘。公元前 48 年，庞培被杀害，其子与海盗勾结占据西西里岛、撒丁岛和科西嘉，企图在此切断罗马粮食供应渠道，最终被屋大维击败，海盗的巢穴也被扫荡。至此，古代地中海最著名、最庞大的海盗团体淡出了历史舞台。

二、早期维京海盗

维京人的祖先是斯堪的纳维亚半岛上的各个部落。在 5 世纪前大多过着捕鱼、农耕和畜牧的生活，他们驾驶着皮船往返于北海和波罗的海沿岸，用手工制品和海产品交换铜和铁原料或制品。

北欧自然条件的严酷、用于耕种和放牧的生活资源匮乏、以部落为主的生活形态，导致北欧人领地意识和集体意识十分强烈。为了适应自然与生存环境，北欧的男孩子从小就要学习耕作、战斗和航海技术。维京人实行一夫多妻制，为了壮大族群力量，多生孩子是最先考虑的事情，然而有限的自然资源并不能承载越来越多的人口需求，勇敢地走向海洋充当海盗便成为一种体面的职业。随着与外界接触的增多，维京人发现在其他地区可以生活得更加舒适与富足，而依靠海上抢劫得来的财富足够支撑他们在新家园的生活，越来越多的人选择了移民欧洲大陆。当然，此时的移民并没有形成族群的迁徙。

5 世纪，辉煌的罗马帝国崩溃，崛起的日耳曼人和西迁的匈奴人开始在欧洲掀起波澜，维京人的领地被占领和侵扰，从而引发维京人大规模的民族迁徙。他们举族出海，在寻找新定居点的同时逐渐演变成北欧最强大的海盗集团。东至俄罗斯，西至法国海岸、布列登岛，南至西班牙、意大利、西西里、北非，北至格陵兰和美洲东海岸，到处都有维京海盗的身影。他们攻击航线上的商船客轮，袭扰富裕的港口城镇，同时还做着海上贸易。

长时期的航海与抢劫，使维京人对海上航线越来越熟悉，其舰队规模不扩大，战斗力也日益增强。然而找个地方定居下来的念头却一直没有被忘却，毕竟海盗生活的艰苦与残忍只有亲身经历的人才会懂得，没有人愿意自己的后代永远过着动荡不安的生活。部分海盗向北航行，渡过波罗的海，在旧拉多加和诺夫哥罗德等城镇建立贸易基地，并远航俄罗斯，到达基辅和保加尔。甚至有些船队一直远航至里海，将船只停留在当地，然后赶着骆驼商队前往巴格达和阿拉伯人做生意。还有一部分海盗向西南拓展，大肆侵扰不列颠半岛，后来还夺取了诺曼底。同时，他们还向各个地方移民，北欧海盗作为殖民者，占领了包括奥克尼群岛、设得兰群岛、法罗群岛等地。生活在冰岛的维京人还相继在格陵兰岛上建立了两个移民区。据说，在哥伦布发现新大陆前 500 年，维京人就已经到达过北美洲海岸，还曾在纽芬兰岛上短暂停留过。

793 年，第一批维京人在英格兰北部的林第斯法恩岛登陆，他们身材高大、手持刀斧，在城市内抢劫杀人，并把当地人掳走作为奴隶，哪怕是当地高贵的修道院教士也不例外。因为那时的维京人有着自己的信仰——奥丁神。

在 845 年和 885—886 年，维京人曾两次进入法国巴黎，血腥的屠杀和抢劫击碎了西法兰克国王“胖子查理”的抵抗，数以万计的白金和金币被维京人纳入怀中。法国的失败给予了维京人极大的信心，他们开始频繁进攻和劫掠法国。最终在 10 世纪，西法兰克国王查理三世与以丹麦为主的北欧海盗首领罗洛签订合约，册封其为公爵，并将塞纳河部分地方划归他占领统治，作为交换条件，罗洛公爵皈依基督教，宣誓效忠法兰克国王，并对抗其他维京海盗以保护法国安全。之后，大批维京人来这里定居，并逐渐形成了诺曼底公爵领地，维京人慢慢融入文明社会，转信基督教，学习新礼仪，完成了由海盗至公民的转变，而诺曼底领地也发展成为法兰克知名的领地之一。

同期，英格兰威塞克斯国王阿尔弗雷与维京海盗首领古特伦签订和平协议，允许这一部分维京人在英格兰北部和东部一带定居，并可以保留对其原始宗教的崇拜，不过这一部分维京人也逐渐融入了当地文明。但在 1016—1042 年期间，丹麦海盗卡努特抢夺了英格兰王位，统治了包括英格兰、丹麦、挪威、苏格兰和北爱尔兰等大片领土，直至卡努特帝国崩溃，英格兰才恢复独立。

与此同时，以挪威为主的北欧海盗登陆爱尔兰，并建立了都柏林（现爱尔兰首都），以瑞典人为主的北欧海盗则横扫拜占庭海岸城镇，获得了在俄罗斯地区的贸易特权。

在维京海盗尚未完全定居欧洲大陆之前，海盗活动异常猖獗。他们通常以部落或族群为单位，组成具有相当战力的海盗队伍出海抢劫。虽然规模庞大，但是并不受陆地政体的指使或雇佣，因此他们仍然属于独立海盗的范畴。直至多数维京人建立了陆地政权后，才发展出官方海盗。

维京海盗对欧洲大陆的入侵与定居，是欧洲文明进程中不可忽视的一条脉络，欧洲的文化、政治和社会格局深受其影响。他们为欧洲文明带来了海盗特有的价值体系，奠定了今后对外实施劫掠和殖民政策合理合法的底层意识。尤其是大航海时代开启以后，欧洲国家借用海盗武装开拓殖民地、贩卖奴隶、屠杀原住民、掠夺矿产资源，甚至为他们赐封官职或爵位，把海盗树立成人人夸赞、为国谋利的勇士，通过文学艺术形式对其进行美化，并将海盗行为固化成其历史认同与文化基因的一部分，从而影响了欧美国民对于海盗的评价与客观认知。

相对于以家族或族群而言的北欧海盗，集团性的独立海盗虽然整体实力偏弱，但破坏力和残忍程度有过之而无不及。早期地中海海盗主要以打劫商船、绑架贵族、贩卖奴隶为主，还兼职做运输与进出口贸易，他们的亲属家眷分散在各个城邦生活，因此在杀戮方面尚有所克制，最终的目的是图财而非害命。北欧海盗则始终围绕着为母国溢出的群体寻找新的定居点为目标，他们虽然以凶残著称，但同样重视海上贸易的规则、航线的维护，在获得新的定居允许后，基本上融入了当地社会，并逐渐转型从事合法的行业。但以某一首领为主，纯粹以抢劫为目标的海盗集团，在社会心理上给人们造成了巨大压力，他们担心被报复和围剿，也深知不被任何国家和地方所容纳，及时行乐、不留后患、藐视生命、不惜赴死的性格逐渐形成，所以他们的存在往往更加令人恐惧和厌恶。

在历史上曾经有一些恶名远扬的海盗集团，令人闻风丧胆且深恶痛绝，他们最终没有逃脱被围剿的命运。

三、“海盗之王”基德船长

基德船长在北美可谓家喻户晓。1695 年，出生在苏格兰的基德迎来了职业生涯最重要的转机。英国在北美殖民地马萨诸塞州的总督贝罗蒙伯爵与他建立了合作契约。请求他帮助英国前往红海和印度洋去搜捕骚扰英国东印度公司的海盗，在保护英国航线的同时，可以顺手捕获法国商船。当时英法战争正进行得如火如荼，海上霸权是双方争夺最激烈的战场。英国海军大臣作为四个投资者之一也出资赞助了本次行动，规定每笔收入的 65% 归投资者，15% 归基德，20% 归水手。当时的英国国王威廉三世授予基德委任状，这代表他可以肆意袭击除了英国以外的船只而不会受到法律的制裁。

基德船长的"冒险号"就这样诞生了，它是一艘装载 36 门火炮、全长 38 米的三桅帆船，配备了 150 名水手。踌躇满志的基德带着达官贵人的殷切希望，揣着英国政府的特许状满世界地寻找海盗老巢和帝国商船。他站在船头，迎着海风，畅想起今后的富贵生活不禁面露微笑。然而基德似乎将好运遗忘在了陆地上，长时间的海上搜捕一无所获，与之而来的是船上最恐惧的存在——疟疾。接连几十名水手因传染病丧生，隔离舱也放不下越来越多的病人，基德当机立断地将一些没有救治价值的水手连同他们的生活用品抛入海中，非战斗减员和船长的绝情在"冒险号"上酝酿着不安的情绪，基德不得不在沿途临时招募水手补充兵力。但是新成员背景参差不齐，逃犯、乞丐、藏罪者居多。

投资人给基德的压力越来越大，国防大臣没有任何功绩向国王汇报，总督迟迟不见红利分成。基德最终下定决心，挂起海盗旗，重操旧业，在连续袭击了几艘来自北非和亚美尼亚的商船后，海盗的激情彻底被调动起来。丰厚的回报令基德丧失了判断力，在一个漆黑的海上之夜，"冒险号"意外地洗劫了英国东印度公司的商船，被认出船号的基德就此失去了政府的庇护，这意味着他今后所有的抢劫都将被视为违法活动，基德由此彻底转型为浪迹海洋的海盗船长，再也不必甄别抢劫对象，基德的实力与影响力逐渐增强，很快就积累了不计其数的财宝，海盗队伍与武器库也随之升级壮大，他成了那个时期真正的海盗之王。

自负的基德在 1698 年用实际行动捍卫了作为独立海盗的荣誉和骄傲。他率领新的旗舰“安东尼奥”号袭击了一艘由英格兰船长指挥的三桅帆船，他不仅掠走了这艘重达 500 吨的大船，还抢走了包括运送给帖木儿帝国的宝贝在内的黄金、钻石和奢侈品。同时也为自己树立了两个庞大的敌人——大不列颠王国和帖木儿帝国。

肆无忌惮的后果就是要面临巨大的压力与挑战，两个国家及其殖民地都下达了通缉基德船长的命令，海盗之王的活动范围和生存空间被明显压缩。他想起了与之有旧交的贝罗蒙伯爵，希望用 40 万英镑换取安稳的余生。然而他忘记了自己在发达之后并没有分红给早期的投资人，而是用实际行动狠狠地打了国防大臣一巴掌。

急于求生的基德还忘记了资深政客与他一样具有唯利是图、背信弃义的特质，贝罗蒙用口头承诺骗取他登上了美洲大陆，并于 1700 年将他送往伦敦接受审判，并执行了绞刑。至今人们依然相信基德在某个小岛或某片海域藏匿了大量的财宝，因为被捕后的基德至死没有吐露藏宝的地点。英国政府为了警示打算袭扰英国船只的海盗们，将基德的尸体绑在泰晤士河边的柱上，任其风干，最后化为一具骷髅，像极了一面静止的海盗旗。

基德的财宝至今仍是许多探险家觊觎的对象，基于此而衍生出的对基德冒险精神的崇拜也具有了一定的市场，向“钱”看且不论道德与否的价值观在这里体现得淋漓尽致。

四、“黑色准男爵”巴塞罗缪·罗伯茨

罗伯茨集优雅、绅士和残暴、血腥于一身，是世界海盗史上不

能被忽视的存在，他的海盗生涯并不长，但抢劫超过 400 艘船只的战绩却令同行仰望。《海贼王》中巴索罗米·熊的原型便是罗伯茨。

1682 年正值英法百年战争，也是海盗的黄金时期，罗伯茨在威尔士出生。或许基德船长的故事给了他很多启示，他也是从从事奴隶贸易作为职业生涯开端的。在一次奴隶贸易中，罗伯茨的运奴船被海盗劫持，正常的剧情走向应该是船长被处死，奴隶被劫走。然而罗伯茨并不甘于这样平庸的死去，他用威尔士老乡的身份、自己的航海知识与对海盗行业的深刻理解说服了豪恩·戴维斯船长，由此正式成为海盗的一员。

罗伯茨的运气实在是太好了。在不久后的一次登陆非洲掠夺奴隶行动中，老海盗头子戴维斯被当地土著杀死，罗伯茨带领剩余的海盗逃回船上。他沉着的指挥与冷静的处置在残余海盗中树立了威信，鱼龙混杂的海盗给予了他极大的信任与感激，推举罗伯茨担任船长与海盗首领。1719 年，新任海盗首领的罗伯茨率领“皇家流浪汉号”和众多部下再次来到非洲为老船长复仇，精心准备后的海盗用火枪战胜了长矛，将那个部落一举歼灭，把黄金和宝石洗劫一空。此一战彻底奠定了罗伯茨的首领地位，也激发了海盗们的雄心壮志。很快他们就盯上了停泊在巴西港口的一支葡萄牙商队，进港抢劫是面临极大风险的，海军与海商的武装力量足以把任何独立海盗歼灭在港口里。但是罗伯茨偏偏反其道而行之，他提前侦查了最为富有的船只，采取了夜间突袭战术，用最快的速度登船、杀人、搬货，当葡萄牙人发现被抢准备反击时，海盗们早已驾驶快船逃之夭夭，消失在茫茫公海之上了。这次突袭使得罗伯茨信心倍增，此后他升起了属于个人标识的骷髅海盗旗，公开在加勒比海和大西洋抢劫，一度使加勒比海运停滞。

然而令其成为业界翘楚的战役是一年后的特雷巴西港战役。

1720 年 6 月，罗伯茨与海盗们将港口内的 150 多条船洗劫一空，并将最好的一条命名为“皇家幸运号”作为旗舰，在出港时又顺手抢劫了 6 艘法国商船。在随后的两年中，无论是英国、法国，还是荷兰以及其他国家，都不分国籍在他的洗劫范围之内，他甚至还击沉了一艘配有 42 门火炮的荷兰军舰。这时的罗伯茨，已经成了赫赫有名的海盗，也成了著名的通缉犯。

罗伯茨之所以被称为“黑色准男爵”，是因为他不同于那些一般的、具有显著海盗特征的海盗，比如常年不洗澡，牙齿黑黄，头戴翘角帽，扎成脏辫的胡须，一条木腿假肢，腰挎镶满宝石的战刀，和戴着黑色眼罩的独眼。他非常注重自己的形象，衣着整齐，谈吐优雅，仿佛是一名上流社会的贵族。

罗伯茨不抽烟不喝酒，厌恶赌博，也不放纵地生活。他甚至还制定了《罗伯茨法规》（又称《海盗宪章》）用于规范所属海盗的日常生活。比如，规定可以脱离海盗，但不得私下加入其他海盗团体，否则以叛徒论罪；每一个船员都有权利参与重大事项的决策与讨论，并实行投票制；禁止妇女和儿童登上船只，否则会被处死；解决私人恩怨应当进行公平决斗，不得在船上打架斗殴，否则双方都会被扔到海中；船长和航海长在分战利品时要得到 2 份，炮手、厨师、医生、水手长分 1.5 份，其他有职人员分 1.25 份，普通水手分 1 份，等等。根据历史考据不同，有的观点认为罗伯茨制定了 12 条戒律或法规，有的则认为制定了 9 条或 10 条、11 条不等，但其制定制度的行为是客观存在且毋庸置疑的。

罗伯茨不但制定了规矩，还基于自己的基督信仰，在海盗中传导属于海盗自己的精神，例如什么人该杀、什么人不该杀，对待忠诚与背叛的评价标准等，因此获得了“黑色准男爵”的称号。但是他却首先背离了基督教义中对于生命的尊重与爱护的本意，违反了每个生命都拥有神圣价值的标准，人为中断了每一个生命必须要经历的历程。因此，无论他的衣服多么得体，谈吐多么优雅，管理多么的规范，财产多么的雄厚，都不能掩盖其作为海盗所犯下的滔天罪恶，都不能美化和颂扬其忽视生命、破坏秩序的恶行。

在被称为海盗黄金时代的时期，英国黑胡子爱德华·蒂奇也是威名赫赫的独立海盗，他最初也是英国政府的签约海盗，但自从势力壮大以后，就直接率队突袭了英国皇家海军的军港，因为停泊在那里的商船最为富有。黑胡子与其他海盗有所不同，他不仅抢劫落单的商船，更是把精力放在了攻陷州府、袭击港口方面。他喜欢绑架那些富商和官员，因为这样可以获得更丰厚的赎金。黑胡子以残暴著称于海盗界，他经常把整船的俘虏以虐杀的方式折磨致死，他自己也最终被英国海军围歼致死。据传，绞杀他的梅纳德中尉将其头颅砍了下来，挂在桅杆上，返程后将其头骨制作成了银箔包裹的酒杯。

在那些著名的海盗故事中，最令人着迷的就是他们所留下的宝藏了，黑胡子最著名的遗言便是“除了魔鬼和我自己，没人能找到我的宝藏”。时至今日，依然有许多探险家在研究那些海盗的行动轨迹，分析可能的藏宝地点，利用高科技探测与扫描手段甄别可疑地点，但至今仍然杳无音信。

第二节　官方海盗

官方海盗特指由政府或国王公开支持的海上武装劫掠集团。他们通常会与雇佣国家签订正式协议，接受国王的赐封，获得在某一海域抢劫的权利，同时也要承担攻击和抢劫敌对势力船只、保护本国商船、向政府交纳一定比例的抢劫份额的义务。但他们与政府之间是合作关系，不是隶属关系。官方海盗不是欧洲独有，但是以欧洲为主，其起源、发展、壮大均与欧洲历史具有同步的节奏。在客观事实上，15 世纪以后的欧洲确实与海盗建立了稳固且具有法律认可的联系，并依托他们探索新航线、殖民新大陆、掠夺别国商船，还在此基础上吸收规模较大的海盗集团或具有影响力的海盗头目担任海军要职。海盗的成功转型既摆脱了正规海军对他们的围剿，又得到了国家的支持，仍然可以从事海盗的工作，只不过不再是无差别抢劫了。如此一来，既可以光明正大地抢夺财宝、垄断海上贸易，又可以受到本国的认可与国民的拥护，可谓是一举多得。

合则两利的事情是令人难以拒绝的。那些与海盗签订协议的国家，不费一兵一卒就解决了沿海的海盗问题，同时也壮大了海防力量，还可以利用海盗拓展航线，削弱和遏制敌国海上贸易，进而制约对手的经济收入，正规军队就可以把重点放在攻城掠地和镇压殖民地上了。海盗则可以光明正大地洗白身份，用抢来的钱供养下一代在陆地上享受富足的生活，接受良好的教育，创办实体产业，甚至进入政界获取权力，整个家族的阶层跃升由此实现。这样的成功范例不在少数，由此也吸引了更多希望以此改变命运的人前赴后继地加入海盗行列。海盗逐渐不再是人人唾弃的对象，也不再是不知礼义、暴虐凶残的猛兽，他们在海上的恶劣行为已经完全被成功后的光环所掩盖，展示给世人的是衣着得体、谈吐优雅、地位崇高、实力雄厚的绅士形象，至少在那个年代陆地上的人们是这样认为的。

一、女王的挚友——海盗德雷克

当葡萄牙、西班牙已经在海上殖民事业上赚得盆满钵满的时候，英国的海洋活动还未正式开始。他们在逐渐繁荣的海上贸易中，仅仅靠为其他国家提供羊毛和呢绒赚点小钱，当麦哲伦已经完成全球航行时，英国依然在上演着“羊吃人”的剧情。直到16世纪初亨利八世继位英国国王，建立了“海军局”和职业海军，英国人低垂的剪羊毛的头颅才算是真正地抬起来看向海洋。为了追赶伊比利亚半岛上的两个榜样国家，英国人开始向北寻找出海口，因为他们不想与西班牙的无敌舰队产生冲突。事实证明向北是没有出路的，只有向南、再向南突破西班牙人的封锁，才能够立足于这个航海的世纪。

16世纪中期的英国海军无论是从舰队数量、火炮配置，还是作战能力等方面，都不适合与敌对战，稍有不慎就会被歼灭，再也没有发展海军的机会。为了保护本国海上贸易的安全，英国不得已求助于本国海盗，相比英国海军的战绩，海盗的成果可以说是战绩非凡。其中以弗朗西斯·德雷克最负盛名，在英国女王的支持下，他与船队神出鬼没于大西洋，劫掠西班牙运输金银的商船，袭击西班牙沿海殖民地和港口。

德雷克集航海家与海盗于一身。他出身贫苦，从最基层的学徒成长为一名船长，他熟悉海洋、喜欢冒险，更重要的是他希望通过航海改变自己的社会地位。他和自己的哥哥约翰·霍金斯（后与德雷克一并被英王征召，被任命为海军财务审计官，专门掌管海军建设）从事贩卖黑奴的生意，但并不妨碍他兼职抢劫海上落单的商船。早在22岁时，德雷克就从英国横穿大西洋，一路到达了加勒比海，时隔两年又经加勒比海到达中美洲。那时的太平洋，尤其是南美洲范围是西班牙人的禁脔，西班牙在秘鲁发现了金矿，并派重兵把守，依靠其强大的舰队不允许任何人接近。

伊丽莎白一世看中了德雷克的勇气与智慧，向他颁发了“劫掠许可证”，谋划与其合作打劫西班牙运金船。当然，这一举动并非伊丽莎白所创。早在 1243 年，为了攻打法国，英国国王亨利三世就发明了私掠制度，使英国成为海上私掠文化的发源地。私掠船的通俗名称是“皇家海盗”，官方说法是“在战争时期获准攻击敌方船只的武装民船”，其实质是国家支持的海盗行为，背后是充斥着丛林法则的强盗逻辑和维京海盗式生存方式的延续。

1577 年，德雷克满怀憧憬带着女王的特许向美洲进发，虽历经坎坷，仍然不负使命，于两年后为女王带回了数以吨计的黄金白银，极大地充盈了英国财政。并在此期间，在太平洋探索发现了一条新航路，至今还被称为“德雷克海峡”，由此也突破了西班牙对太平洋航线的垄断，为英国的航海事业作出了重大贡献。1581 年，女王伊丽莎白一世亲自到港口登船迎接德雷克的归来，并赐封其皇家爵士头衔，同时任命其为普利茅斯市长。

随着英国海军和海上贸易的壮大，英国与西班牙的利益冲突越发尖锐。由海盗华丽转身为军事家的德雷克为英国海军量身定制了从发展到战术的“一揽子计划”。1587 年德雷克率领今非昔比的英国舰队突袭西班牙加迪斯港，摧毁西班牙战舰 30 余艘；1588 年西班牙无敌舰队以 130 艘战舰、3 万余人的庞大规模逼近英吉利海峡，双方海军在格拉沃利纳海域发生激战。此时的英国战舰已经抛弃了钩船、接弦和白刃战的过时战术，而是采取了更为先进的舰载重炮、远程火炮等武器，对尚未接触的西班牙战舰进行远程炮击，最终取得了击沉西班牙舰船 63 只、歼灭数千敌军的战绩。无敌舰队自此跌下神坛，西班牙就此没落。

二、史上最庞大的官方海盗——荷兰东印度公司

荷兰东印度公司成立于1602年，是荷兰建立的世界上第一家股份有限公司、第一家跨国公司、第一家发行股票的公司。由荷兰政府控股，主要从事东方贸易和殖民地开拓，并授予了其贸易垄断、建立军事组织、发动战争、铸造发行货币、与外国签订协议、建立和管理海外殖民地等诸多权利，实质上就是当时荷兰流动的政权。

15世纪，葡萄牙人从里斯本出发，率先寻找到了可以到达东方香料之国印度和印度尼西亚的里斯本—莫桑比克—卡利卡特—果阿—马六甲的航线，并被世界近代史上第一个海洋强国独占近一个世纪。随着尼德兰革命的爆发，荷兰在西班牙与法国、英国的纠缠缝隙中壮大起来。在1595—1602年短短几年的时间里，荷兰在亚洲陆续建立了14家贸易公司。这些国家之间的竞争不仅造成了内部消耗，也令香料收购成本不断上升、利润空间持续被压缩。同时，在英国成立的“英国东印度公司”强大压力下，荷兰人聚集了比英国多达10倍以上的资金，成立了“荷兰东印度公司”，在以后的100多年中以绝对优势控制了这条海上贸易航线，直至1799年解散。

据公开资料显示，荷兰东印度公司在顶峰时期拥有150条商船，40条战舰，5万名员工和1万人的私人武装。自1600年开始，荷兰就已经授权给本国商船和海盗，允许他们在海上劫掠葡萄牙和西班牙的商船，一方面削弱敌方海上武装力量和贸易船只，一方面为本国的商船提供保护，同时还能扩大荷兰在印太地区的影响力。当然，斥巨资成立的国家控股公司是不会把主要精力投入海上抢劫的，他们依靠实力雄厚的战舰肃清了由荷兰到日本的海上敌人，顺手将沿途海盗和对立国家的商船洗劫一空，并在航线沿途建立了

大量的贸易据点，用于船只补给维修、货物储存运转、船员休息轮换。

建立垄断贸易是荷兰东印度公司的宗旨。胡椒、丁香、肉豆蔻、沉香、瓷器、丝绸、茶叶、象牙、名贵皮毛以及奴隶等是西方社会的稀缺品，且价格奇高，在 17 世纪初，仅从爪哇岛运回荷兰的胡椒一项的利润就高达 400%。只有垄断才能获取更丰厚的利润，但垄断的背后是暴力。荷兰东印度公司手持政府赋权，将海盗行为延伸到西非、南非、波斯湾、印度、斯里兰卡、孟加拉、暹罗（今泰国）、中国、朝鲜、日本等地。他们的标准程序是登陆后与当地接洽，拟用低价买进所需商品，若对方拒绝接触或不同意商谈条件，则以各种理由寻衅挑起战争，实施军事占领，建立贸易站点，进而达到打开和垄断市场的目的。与此同时，荷兰东印度公司先后发起多次针对葡萄牙、西班牙和英国海外殖民地的战争，虽各有胜负，但其以暴力掠夺资源的海盗本质暴露无遗。虽然在形态上区别于传统的海盗组织，但是其采取的组织结构、利益分配形式却与海盗无异。

表 7-1　荷兰东印度公司对外发动战争年表

时间	事件
1602 年	3 月 20 日公司成立
1603 年	与葡萄牙争夺中国澳门，失败
1604 年	意图进入中国澎湖，被明朝浙江都司佥事沈有容的军队驱离
1607 年	在葡萄牙手上夺取安纹岛（印度尼西亚马鲁古群岛的主要岛屿之一和政治中心），设立商馆
1622 年	占领中国澎湖
1623 年	荷兰驻安汶岛总督下令处决与荷兰商人争夺香料货源的 10 名英国人、10 名日本人和 1 名葡萄牙人，没收了英国工厂，将英国势力赶出安汶岛
1624 年	明朝与荷兰爆发澎湖之战，荷兰战败，退守中国台湾
1627 年	荷兰舰队封锁中国澳门，战败
1638 年	日本锁国，荷兰垄断日本贸易
1641 年	荷兰占领葡属马六甲海峡
1652 年	在好望角建立殖民地

（续表）

时间	事件
1658 年	占领斯里兰卡科伦坡
1662 年	郑成功收复中国台湾，荷兰人退出
1704 年	荷兰人为垄断爪哇商贸，挑起爪哇内战，扶持代理人继位，史称第一次爪哇继承人战争
1719 年	卷入第二次爪哇继承人战争
1749 年	卷入第三次爪哇继承人战争
1795 年	法国占领荷兰
1799 年	12 月 31 日公司解散

三、“升级版”海盗与近代殖民

进军亚洲是欧洲历代君主的梦想，因为在传说中的东方，有他们梦寐以求的香料、丝绸与瓷器，那里富庶繁华，遍地黄金。马可·波罗的游记生动描绘了东方的生活现状、自然风光与稀有物产。尤其是从中东商人那里传来的丝绸瓷器、胡椒肉桂，还有伴随而来的书籍与故事，更证实了香料之国与丝绸之国的存在。

然而，自古以来中东商人凭借地理优势，垄断了东西方的贸易渠道。陆路的绵长、城邦之间的战争、可怜的运力、沿途的盘剥等因素，导致东方货物运抵欧洲后价格已经奇高无比。但是地理环境与生活习惯使得欧洲贵族们已经离不开昂贵的香料与华丽的丝绸，他们靠着征战流血与奴隶种植辛苦得来的黄金像洪水一样经过中东流向东方。陆上的商路已经被中东控制得相当稳固，无论是政权的更迭还是宗教的角力，都无法打通欧洲通往东亚的通道。

在达·伽马到达印度之前，中东商人一般会在越南、泰国、斯里兰卡、印度、印度尼西亚和中国等地进口商品，然后通过马六甲运往麦加，一般在顺风情况下要走 50 天左右。在麦加向大苏丹交完高昂的税费后，将货物转至一种狭长的船只上，经红海运往苏伊士，然后卸货缴税，再由商人将货物分装到驼队，半个月左右到达开罗，卸货再缴税，然后分销给当地商人，当地商人再缴税给地方政府，货物才可流通到欧洲各国。期间，加税、抢夺、损耗等因素再次推高了东方商品的价格。

找到东方，掌握贸易，只能开辟新路线。15 世纪之前，地中海周边的政权就开始谋划通过海洋到达东方，然而受科学技术与宗教的制约，旧欧洲始终在地中海至黑海之间徘徊，非洲西海岸已经是能够达到的极限了。源自意大利的思想启蒙运动，将欧洲人的精力转移到自然科学领域，1000 年前托勒密的地圆学说在打破基督教描绘的神话国度时，也为伊比利亚半岛上的葡萄牙带来了历史性的变革。恩里克王子笃信大海连接着世界，一定可以在海上找到去往东方的航线。葡萄牙的探险船率先驶入大西洋，探索亚速尔群岛、马德拉群岛、加纳、尼日利亚、喀麦隆，直至好望角被发现。那里没有传说中的海怪，也没有因为绕到地球的另一边而掉下去，却有着丰富的物产与奴隶。葡萄牙人以当地特产命名了利比里亚（胡椒海岸或谷里海岸）、科特迪瓦（象牙海岸）、加纳（黄金海岸）、多哥和贝宁（奴隶海岸）等城市。10 年后，达·伽马找到印度，葡萄牙就此走向海上帝国的第一个巅峰。与此同时，沿途非洲的金属矿产、粮食作物和奴隶，被源源不断地掠夺至欧洲，传教士则在新土地上大展宏图，教皇的高调支持与葡萄牙的强盛国力，使之瞬时成为欧洲各国成功与富有的榜样。1505 年，印度被葡萄牙殖民；1511 年，葡萄牙占领马六甲；1515 年，葡萄牙占领帝汶岛，第二年抵达中国广州；1554 年，葡萄牙在中国澳门建立据点，随后锡兰（斯里兰卡）、日本九州和长崎也被武力占据，一张联通东西方的殖民网络就此建成。以武力侵占、殖民其他地区，掠夺自然资源，垄断海上贸易，控制（颠覆）他国政权，获取最大利益的经营模式就此建立，并成为后续海上帝国争相模仿的对象。

纵观欧洲历史，葡萄牙的殖民模式并非首创，而与早年维京人南下不列颠、法兰克，英国海上“委任状”等行径一脉相承。葡萄牙王室作为最大出资者，雇佣民间所谓冒险家、航海家（贩奴走私船队和独立海盗）与帝国海军一起拓展海外殖民市场，所得收益由开拓者（私掠者）、皇室、教皇三家按比例分配。如果把传统意义上以在海上攻击敌国船只、抢夺船上财物、绑架勒索赎金的行为视作海盗现象“基础版”的话，那么以国家为主体，通过海上武装殖民，达到占有土地、掠夺资源（物产和人口）、控制政权、垄断商业的行为则是传统海盗的“升级版”。将海上殖民定义为海盗行为，是具有完整逻辑支撑的。

截至 1945 年第二次世界大战结束，全世界除南极洲以外的亚洲、非洲、美洲、大洋洲已基本全部被以葡萄牙、西班牙、英国、法国、荷兰、美国为代表的列强瓜分完毕，其中英国在全球的殖民地数量位列首位，并自称为“日不落帝国”。

虽然在二战后，殖民地国家纷纷谋求民族与国家独立，但 500 多年的殖民统治带给被殖民国家的影响极为深刻，是在意识形态、社会制度、民族认同、历史脉络、国家能力等诸多方面，都难以在短时间内摆脱被殖民的束缚。尤其是非洲和亚洲许多国家虽然在形式上实现了民族独立，但宗教、民族、派系、文化等方面的问题，与殖民者撤出时所刻意遗留的诸多矛盾交织在一起，造成了当前后殖民时代的战争与混乱。

至今，在世界地图上我们还可以很清晰地看到殖民时代遗留下的痕迹。比如法属圭亚那、马修岛，美属萨摩亚、关岛，葡属马德拉群岛，等等。虽然许多国家在名义上已经不再是帝国主义传统意义上的殖民地，并在政治、法律和国际地位上具有相对独立性，但其政治选择、经济结构、社会制度、教育内容仍然在宗主国的控制之下，严格意义上属于非主权或非完全主权的国家，是依附于旧宗主国而存在的被殖民地。

四、“私掠许可证”的终结

私掠制度作为世界近代史上的畸形产物，自 1243 年由英国国王亨利三世发明出来，直至 1856 年，英国、法国、俄国、奥地利、普鲁士、土耳其和撒丁在巴黎签署《巴黎海战宣言》，这项私掠制度才被国际法（区域法）终结。

在此之前，私掠者、海盗、商人、冒险家、正规海军、宗教传播者似乎都在海上从事着同样一项工作，那就是在国家政体的赋权下，以扩展商路、发展贸易、维护本国利益为名义，向他国或非本国群体实施暴力抢劫行为，且受到本国法律认可与保护，他们已经成为事实上的官方海盗或国家海盗。不同背景的海上武装力量打着花样各式的旗号，相互攻击掠夺，其成果以分成或权利购买的形式上缴到所属政权，其本质与传统和现代的赋税无异。因此，私掠制度是所属国家扩充自身海上武装力量、缓和内部斗争、补充国家财政收入的重要形式，由此可以将官方海盗现象视作国家意志的体现，并由此来判定实施私掠制度的政府主体在历史与国际范畴内的私掠行为均属于国家侵略。

私掠制度的终结并非是相关国家在道德层面的觉醒。自私掠制度问世以来，欧洲各大海上帝国的海上贸易和海上殖民事业迅猛发展，为母国积累了巨额财富，刺激了本国产业结构与社会阶层的深刻变化，大量资本从养殖业、种植业、小手工业等高投入、低利润的产业中脱离出来，进入到跨国贸易领域。资本主义的萌芽与发展创造出大量的工业品，欧洲本土的人口基数与消费能力不能满足其工业产出，由资本力量控制的帝国政府只能也必须通过国家机器开拓海外市场，加之殖民地的矿产运输、种植园的不断扩大、奴隶交易的倍增、欧亚贸易等活动的繁荣直接导致海上运输船只数量爆发性增长。

私掠制度在削弱敌国力量、补充本国军事与商业资源方面确实起到了有效作用，但是私掠船的私人性质也决定了其并不是完全忠于本国政府的，因此大量被授权的官方海盗不仅袭击他国船只，也会在利益的驱使下偷袭本国货船。19 世纪末期，大量的官方海盗已经成为威胁各国海上交通的顽疾，更为重要的是经过数百年的积累与发展，各国已经有能力组建维护本国权益的正规海军，不再需要借用民间力量作为补充，因此私掠船制度已经完成了他的历史使命。1853—1856 年克里米亚战争爆发，英、法、俄作为当时海上军事力量最强大、海上贸易最繁荣、最需要建立海上新秩序的帝国，最终达成了取消私掠制度，建立海上航行与应对海上武装冲突国际法规的共识，即《巴黎会议关于海上若干原则的宣言》又称《巴黎海战宣言》（以下简称《宣言》）。

《宣言》自 1856 年 4 月 16 日签署生效，是世界上第一个国际海上武装冲突法条约，也是第一个国际武装冲突法公约。直至今日，没有任何国际文件宣示将其废止，这也意味着《宣言》至今依然在缔约国之间具有法律效力。截至 1908 年，除了美国及少数几个国家外，共有 51 个对海洋权益有诉求的国家成为《宣言》的缔约国。

当时的美国正处于海军建设阶段，1783 年英国正式承认北美 13 州独立，1785 年独立战争中建立的海军被解散，其舰艇或被卖掉或转为商用，但是没有海军保护的美利坚商船在海外贸易中受到严重威胁和冲击，于是美国在 1794 年通过《海军法案》建设海军。1812 年第二次英美战争爆发，美国只有 200 艘小炮艇和 16 艘舰船，根本无法对抗英国的 600 艘战舰，于是保罗·汉密尔顿为 515 艘私掠船签发“私掠许可证”，正式委任其从事私掠活动。那些渴望发财的私掠船员开始驾着快速灵活的船只在海上交通线上，对英国船进行袭扰。1861—1865 年，美国南北战争结束，美国再次以海军费用太高为由开始变卖舰艇、缩减海军军费。然而此时的英法海军已经进入蒸汽动力与线膛炮时代，美国海军却退回了风帆时代。在这时期，美国选择不加入《宣言》是因为海军力量根本无法正面对抗其他海上帝国，而继续保有其私掠制度可随时作为海军力量的补充。

虽然自门罗总统之后有多届美国政府公开表示反对私掠船行为，但直至今日，美国依然没有放弃私掠制度，在《美国宪法》第一条第八款中，仍保留着国会具有颁发捕获敌船许可状、制定关于陆上和水上捕获条例的权利。

“官方海盗”在法律层面被废止，大量从事私掠的船长和船员面临着新的择业问题。数百年的私掠制度，已经将其彻头彻尾地发展成为一项被欧美国家高度认可的正当职业，没有法律的约束、没有道德的羁绊，就像是企业主与资本家一样，可以堂而皇之地出入国境和各种场所，甚至一些具有辉煌战绩的海盗还被塑造成英雄被赞扬与歌颂。规模庞大的私掠船职业并不会因为几个国家的一次会议和一纸条约而突然消失，众多的从业者需要继续依靠海上技能维持生计。他们大部分在投资者的带动下转换为海上贸易运输的主要力量，他们具有专业的航行知识、足够的武装力量，但仍有一小部分因为缺乏财团与政府的支持，或沦为独立海盗，或上岸另谋出路。

官方海盗与独立海盗在本质上具有一致性，都是以暴力手段占有他人财产、剥夺他人生命的犯罪行为。即便官方海盗具有国家赋权，也不能被视为符合全体人类价值认同与道德准则的行为。

第三节 现代海盗

海盗是人类开展海上活动的伴生产物。海盗现象并没有因国际法的制约与各国的打击而消失，反而与恐怖主义、反政府组织、国际走私、贩毒与人口买卖勾连起来，并利用国际规则漏洞将非法所得用于陆上投资，购买资产、武器与运输工具，资助恐怖组织、培养行业精英，形成了具有严密组织、明确分工、强隐匿性、强破坏力的武装暴力集团。

进入 21 世纪，海运以载运量大、运费低廉、沿途政治影响因素较少、航道选择性较多等优势占据了全球货运 80% 以上的份额。但航程长、航速慢、受海况制约、缺乏系统性的全航程安全保护也是显著的缺点。

目前海运业的主要船舶类型分为集装箱船、油轮、化学品船和散货船四大类，每年通过海运的货物总量平均在 110 亿吨左右。2021 年数据显示，散货船占全球 42.77% 的市场份额，油轮与集装箱分别占 29% 与 13.2% 的市场份额。海运货物种类繁多，几乎涵盖了所能纳入贸易概念里的所有物品，如石油、化学制品、生活用品、自然资源、各种商品的原材料与成品等。这些货物对于船主来讲是企业赖以生存的根本，对于目的地来讲是保障社会运转的给养，对于输出方来讲是生存的保障，对于海运行业来讲是数以千万从业人员的生活来源，对于世界来讲是维系全球良性循环的命脉，对于海盗来讲却是流动的财富与袭击的目标。

当前被国际社会公认的海盗活跃地区有西非几内亚湾，索马里海域，红海与亚丁湾海域，孟加拉湾沿岸，马六甲海峡和泛东南亚水域。这些海域普遍具有以下几个特征：一是国际航运的必经路线，是连接亚洲、非洲、欧洲三地最成熟也是最便捷的航路。二是这些海域或者具有航道的唯一性，如马六甲海峡、红海与亚丁湾；或遍布小岛适合埋伏、便于逃避打击、隐蔽性强便于建立海盗基地，如东南亚海域、几内亚湾。三是沿岸地区政治局势动荡或国家实力不足以应对海盗现象，如索马里、尼日利亚、缅甸。四是历史上具有海盗聚集活动的传统。

现代海盗的人员构成较之传统海盗更为复杂，包括但不限于以下情况。一是职业海盗，即那些以海盗活动为生的人员，通常他们拥有丰富的海上生活经验与航海技能，具有较为明确的人员分工、严密的组织体系、稳定的后勤保障、固定的销赃渠道和强大的武装力量。二是雇佣军，受雇于恐怖组织、国际犯罪集团或特定雇主，有计划地针对某一目标进行劫掠与破坏。三是技术精英，海盗组织为提高海上袭击、探测目标、洗钱和逃避打击等能力，往往会通过高价聘请、自己培养或绑架胁迫等手段，吸收各行各业精英参与其中。四是被母国（国际）通缉的犯罪分子或其他亡命徒。

随着全球化不断深入和科学技术的进步，当代海盗自身综合实力也不断增强，呈现出海盗装备专业化、武装力量现代化、人员构成复杂化、犯罪范围全球化、犯罪行为商业化等显著特征。就其装备与武器来讲，经过改装的海盗船速度更快、更灵活，续航能力与抗打击能力也今非昔比，通过全球定位、互联网侵入、渗透海关等形式，可以更加精准地锁定目标；除配备枪支、火箭、鱼雷等常规武器外，甚至舰对舰导弹、小型潜艇也在他们的采购、抢劫和改装范围内。就其组织结构与人员构成来看，多数海盗与陆地上反政府组织、恐怖组织、极端主义、贩毒分子、人口买卖等犯罪集团相勾连，他们既相互依存又互为雇佣，既从事海上抢劫又从事走私贸易，集团化、军事化、网络化与国际化的特征越发显著。他们虽然在海上抢劫却在陆上生活。为了确保陆上生活环境安稳，他们贿赂官员、培养亲信，开办公司、兴办产业，甚至以投资教育或扶贫济困等手段笼络人心、稳定兵员，从而造成一些地区海盗盛行，却难以清除。

海盗行为令所有爱好和平、渴望发展的国家所唾弃，虽然国际上形成了打击海盗的共识，但由于缺乏政治互信、海域主张存在分歧、部分国家打击海盗能力不足等因素，致使海盗现象难以得到有效遏制。同时个别国家为维护自身利益，对海盗采取放纵、无视甚至依托和利用的心态，也是掣肘当今海盗打击效力的因素之一。

如何妥善应对现代海盗问题，成了国际社会共同面临的挑战之一。这需要各国在尊重国际法和国际关系基本原则的基础上共同努力，通过对话、合作等方式，寻求解决现代海盗问题的长期有效途径。同时，也需要加强对国际地缘政治动态的监测和分析，避免现代海盗问题成为地区冲突和紧张局势的导火索。只有通过国际社会的共同努力，才能有效地维护海域安全，保障各国的航行安全和经济利益。

组织可以消失，制度可以改变，人员亦可更迭，但文化作为人类活动的存储器不会抹去任何曾经发生过的故事。欧美近 700 年的私掠时代是一个复杂的历史进程，与人口规模、国家制度、社会认知、宗教信仰、经济结构息息相关，在地缘政治、国际关系、时代背景的综合影响下已经成为烙刻在欧美国家的文化基因，并消解为一种支配其价值构建与利益取舍的行动自觉。官方海盗现象反映出了一个民族或国家，在特定区域、特定环境、特定时期内应对挑战的思维逻辑与文化底色，更塑造出了一种区别于其他文明的价值观念、行为方式和社会认知。

海盗行为虽然已经被国际社会和全体人类驱逐出了法理存在体系，但其遗留的影响仍然没有消除。这反映在极少数强权国家恃强凌弱，坚持用海盗思维指导国家行为，为维护自身利益不惜践踏别国法律、侵略他国领土、掠夺别国资源、垄断国际贸易、挑拨地区矛盾、发动代理人战争，甚至颠覆他国政权、煽动族群对立。这与历史上的殖民主义一般无二，是官方海盗的死灰复燃，是海盗行为的又一次升级。因此，在进入21世纪后，“现代海盗”不仅是对当代从事海上暴力抢劫犯罪行为人员的总称，同时还逐渐被引申为某些强权国家依靠暴力机器，在政治、经济、国际关系等方面执意推行单边主义、树立贸易壁垒、掠夺他国财产和资源、发动意识形态攻击等行为的专属名词。

第八章　基于海洋通路的文化传播

文化具有属人的特质，并以物质文化、精神文化和实践文化为载体，通过人与物的交流实现文化交互与传播。文化的传播是动态的、持续的、多向的，既有主动地传播又有被动地接受，既有主动地吸收又有无意识地融合。从历史发展进程的角度来观察，跨海移民、海上贸易、宗教传布是文化传播的三个主要途径；而强势文化对弱势文化的主动渗透，以及弱势文化有意识或无意识地向强势文化靠拢则形成了文化传播链条中的侵蚀效应与吸纳效应。

第一节　海上移民与文化融合

移民的动机无外乎“趋利避害”四字矣，所选线路也跳不出陆路与海路两种。“移民”不同于迁居、出游和暂住，更倾向于具有一定规模的族群为了生存生活举家变更居住区域，初代移民一般会选择在相对集中的地区共同生活，其目的在于相互扶持，形成合力应对风险与挑战。

移民是跨地区文化交流的传播者。当人们跨越地域界限，迁徙到新的地方定居，随之而行的不仅是原有的生活习惯、民俗信仰，还有思想意识、生存技能、审美情趣、工具器物，以及原生活区域丰富的资讯与知识。

移民是新文化的创造者，冲突是异文化的耦合剂与新文化的发酵池。作为迁入方，初代移民的最大任务便是融入新环境、适应新规则，因此会尽最大努力压缩家乡文化在思想认知、语言表达、行为准则等精神方面的外显空间，同时也会更加珍惜在物质方面的文化留存，如家用器物、服装饰品、生活工具等。这些精神与物质的文化元素最终会通过时间与空间的发酵与当地文化融合。移民虽然能够为原住民带来新观点、新视野，但更为重要的是要与原住民共享社会资源，在异文化碰撞的导引下，成规模的移民或逐渐壮大的移民队伍必然会产生与原住民的冲突。只有经过长期的斗争与妥协，最终达成平衡与融合，新的社会结构才会稳定下来，新的文化也会在此期间被塑造。

一、塑造欧洲新文明的“海上民族”

在青铜时代与铁器时代交接的半个世纪中，源自爱琴海和小亚细亚地区的诸多部落，在环地中海周边地域（国家或城邦）掀起了一场史无前例的武力移民浪潮。这群由卢卡人、舍尔丹人、特雷斯人、埃克万斯人、达奴人、佩雷散特人等族群构成的移民群体被称为“海上民族”。虽然至今人们尚无法考证他们移民的确切原因，但在古埃及诸多文献中切实记载了这起历史性的大事件。

“海上民族”中的“海上”或许可以体现出移民者与爱琴海有着千丝万缕的联系，也许他们是常年生活在海边的渔民，或者是爱琴海小岛上的居民；而“民族”一词则是统称，诸多史料证明这批海上移民是由许多族群结合构成，他们或许因为共同的利益聚集到一起，但与我们所熟知的“汉族”“蒙古族”等含义是不同的。

青铜时代末期也许是气候原因导致农作物歉收，以至于爱琴海周边的族群必须寻找新的居住地，这样的事情在历史上频频发生。北方游牧民族因天气寒冷导致草场骤减、牲畜饿死，为了种族生存不得不南下入侵中原地带便是最生动的范例。当然，这并不是唯一解释“海上民族”形成与移民的原因，历史的真相很难被还原，我们只能依靠经验与科学尝试回溯那段没有被详细记载的历史。

公元前 12 世纪左右，已经形成一定规模的“海上民族”，首先武力占领并摧毁了希腊半岛和特洛伊城；随后意大利半岛、撒丁岛、西西里岛和克里特岛也被占据；第二次武力移民的人数与实力比第一次更加雄厚，他们横扫了小亚细亚的赫梯帝国、叙利亚、巴勒斯坦，并与利比亚人联合进攻了埃及与西奈半岛，虽然埃及最终取得了胜利，但当时的埃及国王拉美西斯三世，不得不以允许入侵者在巴勒斯坦与西奈半岛定居为交换结束了战争。经过两次武力移民，地中海地区的原有文明几乎被摧毁，新的文明在与异族人的共生中酝酿。

“海上民族”武力移民为欧洲历史留下了浓重的记忆，不仅造成了难以计数的人员伤亡，更使得地中海周边国家的历史发展轨迹戛然而止，最终蕴发出了新的文明方向。

令人唏嘘的是，曾经盛极一时的赫梯帝国自此被瓦解，希腊半岛上的迈锡尼文明消散于历史长河，埃及从此失去了对巴勒斯坦地区的控制，古埃及文明由此一蹶不振。新的社会生态必定会进化出新的人类文明，“海上民族”与地中海沿岸国家的居民在一个被击碎的文明基础上，发展出了与之前迥然不同的社会形态。例如，被赫梯人视若珍宝冶铁技术被腓力斯丁人（一般被认为与佩雷散特人同属）在巴勒斯坦地区发扬光大，成为中东与西亚地区黑铁文明的源头，著名亚伯拉罕系宗教（犹太教、基督教、伊斯兰教）也在此诞生。占据现黎巴嫩的移民发展出了腓尼基文明，开创了欧洲海上贸易、海洋科学与殖民统治的新思路，并为全世界奉献了一套沿用至今的文字系统——字母。今天我们所熟悉的 26 个英文字母的源头就是腓尼基人创造的 22 字母。

值得注意的是，“海上民族”终结了以赫梯帝国为代表的地中海君主集权体制，形成了现在我们所熟知的城邦、议会、民主的共和政体，为古希腊、古罗马的新文明奠定了基础，其后的古欧洲哲学、科学、政治、文学体系影响至今。

二、蒙古利亚人的跨海迁徙

蒙古利亚人最初生活在东亚与西伯利亚附近，4 万年前左右，北半球气候骤然变冷，海平面下降，浅海部分的大陆架逐渐凸起，陆地与海岛、海岛之间、大陆边缘之间出现了一座座天然冰河陆桥，为人类迁徙创造了天然环境。此刻蒙古利亚人的一支因为生存原因被迫迁移，他们一路向东通过白令海峡上的天然陆桥迁徙到了北美的阿拉斯加地区，并一路南下。当然也有一种说法是蒙古人为追逐猎物，随着动物迁徙一并通过陆桥到达的美洲。因为在两个大陆都出现了相同的动物，如长毛象、三趾树懒、原始骆驼以及野牛等等。

根据考古结论，有理由相信蒙古利亚人的迁徙至少分为两次。一次大约在 3.5 万年前，在北美地区发掘出的古代武器和劳动工具经过碳 -14 年代测定法鉴定印证了这一猜想。另一次大约在 1.5 万年前，可以支撑的证据则更为丰富，出土的武器与工具不仅较之以前更为先进，且生活用具（包括骨质梳子、骨针）的细分与精致程度，足以说明此轮迁徙的人群具有了更为先进的文明。

直至新石器时代初期，他们已经遍布南北美洲。考古学家通过对古印第安人使用过的粗磨石器与亚洲出土的同一时期的石器进行对比分析，其制作方法、形状与用途极为相似；人类学家则从研究人体的血型、躯干、头发、肤色、眼睛和鼻型等方面，作出了美洲的印第安人应属于亚洲蒙古人种的推测。随着路桥的消失，美洲大陆与亚洲大陆逐渐切断物理联系，各自向着不同的文明方向发展与进化。蒙古利亚人所携带的社会结构、生活习俗、工具器皿、图腾信仰等文化信息在美洲大陆生根发芽，形成了与亚洲同根同源的文化呼应。

迄今为止，在美洲大陆上还没有发现被考古学所证实的类人猿或早期智人生活的痕迹或化石，最早的人类遗址也属于旧石器时代晚期到新石器时代初期阶段，由此推断美洲原住民为外部迁徙而至。在历史上，美洲原住民发展出了璀璨的文明与历史，其中最具代表性的有玛雅文明、印加帝国和阿兹特克帝国。

蒙古利亚人的另一支则南下贯穿亚洲大陆，跨海进入越南、印度尼西亚、菲律宾、缅甸等地区，一小部分则在沿途与原住民混居。

三、欧洲向美洲移民

15 世纪末，当哥伦布在巴哈马群岛登陆后，发现了与印象中十分相似的东方人的面孔，他兴奋地认为自己终于到达了传说中的印度，并将这些原住民称之为“印第安人”。美洲大陆就这样突兀地出现在一个对生产力低下民族并不友好的时代，广袤的土地、天然的海港、丰富的资源与美洲原住民共同构成了一幅“稚子怀千金嬉于闹市”的图景。掠夺与殖民不可避免地发生了，并随之激活了人类史上又一次人口迁徙与文化的碰撞。

继蒙古利亚人之后，美洲又迎来了移民潮。最先到达的是葡萄牙人，他们占领了现在巴西、圭那亚和乌拉圭；荷兰占领了新尼德兰（现纽约州、康涅狄格州、新泽西州和德拉瓦州部分地区），后与葡萄牙争夺巴西与圭那亚；法国占领了新法兰西（现加拿大、阿卡迪亚、纽芬兰岛、路易斯安那）、海地与部分圭那亚（至今）；英国占领 13 州殖民地、加拿大大部、巴哈马群岛、牙买加以及圭那亚一部分；西班牙占领新西班牙（现美国西南大部地区）、圣路易斯安娜、佛罗里达、新格拉纳达（现巴拿马、哥伦比亚、厄瓜多尔和委内瑞拉）、古巴、秘鲁、波多黎各；俄国占领阿拉斯加。

16—19 世纪期间，世界各国向美洲移民的具体人数不得而知，通过查阅相关研究成果也只能了解其概数。16 世纪由冒险家、航海家（水手）、海盗、商人、流放囚犯、殖民地驻军与移民者等为主的群体约 10 万人到达美洲定居；17 世纪有 30 万～ 50 万人移民美洲；18 世纪有 350 万～ 500 万人移民美洲；19 世纪有 5500 万～ 6000 万人移民美洲。其中以欧洲人为主，被贩卖至美洲的非洲黑奴有 1200 万～ 3800 万人，其次为中东与亚洲人。

跨大陆的移民为美洲带来了深刻变革。没有数据可以显示美洲原住民在遭受殖民之前到底有多少人，但从蒙古利亚人在移民美洲到 1492 年近 4 万年的漫长时期中，生活痕迹布满整个南北美洲，并发展出几个被证实的文明等角度来判断，人口数量应当比较客观。英国伦敦大学学院的最新研究得出的结论是，在 15 世纪前约有 6000 万人生活在美洲大陆，占世界人口的 10% 左右。在经历了战乱、疾病（包括欧洲人带去的天花、麻疹等），以及奴役、社会崩溃等磨难后，到 16 世纪末，美洲土著人口降到了 500 万～ 600

万人。这也就意味着，在不到100年间，约5600万人被从地球上抹去了。历史上把它称为“大灭绝”（Great Dying）。

以北美为例，《美国对印第安人实施种族灭绝的历史事实和现实证据》中显示，在1492年白人殖民者到来之前有500万印第安人，但到1800年数量锐减为60万人。另据美国人口普查局数据显示，1900年美国原住民数量为史上最低，仅为23.7万人。其中，裴奎特、莫西干、马萨诸塞等10余个部落完全灭绝。

1800—1900年，美国印第安人数量减少超过一半，占美国总人口数量的比例也从10.15%下降至0.31%。整个19世纪，美国人口每隔10年就有20%～30%的增长，而印第安人数量却经历了断崖式减少。目前印第安和阿拉斯加原住民的人口数量仅占美国总人口的1.3%。

19世纪70年代到80年代，美国政府采取更加激进的“强制同化”政策，消灭印第安部落的社会组织结构和文化。强制同化战略的核心目标，在于破除印第安人原有的群体依托、族群身份及部落认同，并将其改造为单一个体，具有美国公民身份、公民意识并认同美国主流价值观的美国公民。为此美国政府采取了以下四个方面的措施。

一是全面剥夺印第安部落的自治权。印第安人多年来以部落为单位生存，部落是其力量源泉和精神寄托。美国政府强行废除部落制，将印第安人以个体形式抛入与其传统截然不同的白人社会，使其无力寻找工作和安身立命，在经济上一贫如洗，在政治和社会上饱受歧视，遭受巨大精神痛苦和深刻的生存危机、文化危机。19世纪的切罗基部落原本欣欣向荣，在物质生活上与边疆白人不相上下，但随着美国政府逐步取消其自治权、废除部落制，切罗基社会迅速衰败，沦为土著居民中最贫困的人群。

二是以土地分配的形式，试图摧毁印第安人保留地，进而瓦解其部落。1887 年通过的《道斯法案》授权总统解散原住民保留地，废除原保留地内实行的部落土地所有制，将土地直接分配给居住在保留地内外的印第安人，形成实际上的土地私有制度。部落土地所有制的废除使印第安社会解体，部落权威遭受沉重打击。“太阳舞”作为部落团结的最高形式，因被视为“异端行为”而遭到取缔。原保留地中大部分土地通过拍卖转入白人之手；对务农毫无准备的印第安人在取得土地后不久也因受骗等各种原因失去土地，生活状况日趋恶化。

三是逐步并最终全面强加给印第安人美国“公民”身份。被认定为“混血”的原住民必须放弃部落地位，其他人也被“去部落化”，极大地损害了印第安人的身份认同。

四是通过教育、语言、文化、宗教等方面的措施及一系列社会政策，根除印第安人的族群意识和部落认同。从 1819 年《文明开化基金法案》开始，美国在全国范围内设立或资助寄宿学校，强迫印第安儿童入学。美国印第安人寄宿学校治愈联盟报告显示，历史上全美共有 367 家寄宿学校，至 1925 年，共有 60889 名印第安儿童被迫就学；至 1926 年，印第安儿童就读比例高达 83%，但就读学生总数至今仍不明确。本着“抹去印第安文化，拯救印第安人”的理念，美国禁止印第安儿童讲民族语言、着民族服装、实施民族活动，抹去其语言、文化和身份认同，实施文化灭绝政策。印第安儿童在校饱受折磨，部分因饥饿、疾病和虐待死亡。此后，又推出“强迫寄养”政策，强行将儿童交给白人抚养，延续同化政策，剥夺文化认同。此现象直至 1978 年美国通过《印第安儿童福利法》才被禁止。美国国会在通过该法时承认：“大量印第安儿童在未经允许的情况下被转移至非印第安家庭和机构，造成印第安家庭的破碎。”①

在拉丁美洲，超过三分之二的人口是1492年后的移民。西班牙在古巴开发黄金与钻石的生意令欧洲列强垂涎不已，纷纷加大了向美洲移民的力度。伊比利亚半岛上的葡萄牙与西班牙作为先发海洋帝国，并不屑于把宝贵的臣民发配到边远之地受苦，但英国、荷兰、法国等后起国家却将其视作崛起的好机会。他们出台了各种法令诱导或强制居民向美洲移民，作为帝国在新大陆的开发者与守卫者。在1780年之前到达新大陆的60万英国人中，超过三分之二的人是契约仆役，超过6万人是囚犯；法国当局依靠契约仆役和囚犯来维持其在安的列斯群岛的存在，他们将从孤儿院和避难所招募的志愿者、士兵和妇女迁居至魁北克和路易斯安那州；荷兰人依靠东、西印度公司的水手（其中一半是非荷兰人）、士兵、契约劳工、孤儿和外国人在其殖民地定居；俄罗斯人依靠强制运输囚犯和农奴来殖民西伯利亚；葡萄牙人将孤儿、改造过的妓女和罪犯迁移至他们的非美洲殖民地。②

规模巨大且集中的移民彻底改变了美洲的社会结构与原住民文化。欧式的生活方式、饮食习惯、衣着打扮、命名方式、家庭结构、社会制度、农业模式等文化元素在取代原土著文化的同时，语言的强制推广奠定了当今社会语系的分布态势。例如：西班牙语是南美洲和中美洲使用最为广泛的语言，包括墨西哥、哥伦比亚、阿根廷、秘鲁、委内瑞拉等国家；葡萄牙语主要分布在巴西，是巴西的官方语言；英语在北美洲的美国和加拿大广泛使用，也在一些加

① 中华人民共和国外交部 . 美国对印第安人实施种族灭绝的历史事实和现实证据 [EB/OL].（2022-03-02）[2023-04-15]. https://www.mfa.gov.cn/web/zyxw/202203/t20220302_10647118.shtml.

② 何塞 · C. 莫亚，师嘉林 . 全球视野中的移民与拉丁美洲的历史形成 [J]. 中国与拉美，2022（2）：167-199，355-356.

勒比国家和中美洲的伯利兹等地区通行；法语是加勒比海地区的官方语言，也在加拿大和一些法属海外领地使用；荷兰语在荷属安的列斯群岛（荷兰加勒比）和苏里南等地使用。在美洲现存无多的原住民中，部分还保留着对阿兹特克语、纳瓦特尔语、克里语、昆卡族语、瓦鲁皮族语的使用。

四、华人跨海移民

中国人口迁徙多在国内流转，鲜有大规模迁往国外的记录，通过海洋通路向外移民或迁徙的多在近代及以后。然而在民间有着大量关于“徐福东渡日本”“殷人东渡美洲”的传说或记载。但自商以后，确有数支移民队伍因避战乱由海上迁至朝鲜、日本和东南亚；15 世纪后，由于海上贸易，部分商人在印度洋、东南亚沿岸国家定居，形成聚集社区并保留和传播了中华文化；18 世纪后，除商人、投亲者和主动移民者，外出劳工数量则呈上升趋势，华工人数众多、命运多舛，亡者伤者被不公平对待者多矣，遂选择回国者居多，但在总数上仍有大量华人留居海外，并逐渐形成了具有一定影响力的华人社区。

（一）早期华人移民朝鲜半岛

公元前 11 世纪，商末周初，纣王叔父箕子率众迁往朝鲜，于大同江流域（今平壤）定都建立“箕子朝鲜”，建立了朝鲜半岛上第一个王朝，周天子后将朝鲜封于箕子，双方在政治、经济、文化上多有往来。

秦统一中国至秦末期间，战争频发、徭役繁重，燕、赵、齐等地数万人为避战祸逃亡朝鲜，由此可推断，朝鲜半岛在华夏百姓的认识中是平安之地与栖身之所，并且与华夏保持着双向的信息交换。此次移民一部分由山东半岛自海路进入朝鲜中南部，一部分由辽东陆路进入朝鲜半岛北部。其中由海路进入朝鲜半岛中南部的大部分移民定居于现庆尚道北部庆州地区，并与当地人结合建立辰韩（亦称秦韩），定都于庆州。吸收了大秦文化的辰韩生产力迅速发展，国力逐渐增强。

公元前206年，西汉伐燕，燕国人卫满率千余众投奔箕准（时朝鲜王），后弑主称王，建立“卫氏朝鲜”，箕准则率余部由海路攻打马韩（位于朝鲜半岛西南部，为昔日朝鲜忠清道、全罗道，现为韩国辖属），自立韩王。其后裔卫右渠即位后，加大吸纳包庇汉朝流亡者入朝力度以壮势力，汉武帝于公元前109年发兵5万人，分海陆两路击溃卫氏朝鲜，在其属地设立乐浪、临屯、玄菟、真番四郡，史称“汉四郡”，委派汉人官员到郡县任职，鼓励边人移居和开展贸易，开创了“汉四郡”与中央政权制度统一、钱币互通、书写同文、文化同属的社会局面，实现了对原卫氏朝鲜的直接管辖，对朝鲜半岛的政治、经济、文化产生深刻变革与影响。尤其是文字的传入，更是填补了朝鲜半岛没有文字的空白，使汉字成为被广泛使用的文化工具，学汉字、汉文，研习中文典籍，用汉字做文章逐渐成为常态，由此也标志着朝鲜半岛自此被纳入中华文明辐射范围。

以上三朝均与中央政权联系紧密，燕齐等多地流民长期以陆海两路迁往朝鲜半岛，并得到三朝接纳。现代考古在朝鲜半岛发掘出大量生活工具和货币，皆存有中华文化鲜明特点。由箕子入朝引发的华人东迁，客观上向朝鲜半岛传播了先进的文化与理念，影响了该地区的文化走向，奠定了其后数千年朝鲜半岛与华夏政权的稳固关系。

（二）华人迁居日本

《史记·秦始皇本纪》中记载："齐人徐市等上书，言海中有三神山，名曰蓬莱、方丈、瀛洲，仙人居之。请得斋戒，与童男女求之。于是遣徐市发童男女数千人，入海求仙人。"《史记·八书·封禅书》中记载："齐人之上疏言神怪奇方者以万数，然无验者。乃益发船，令言海中神山者数千人求蓬莱神人。"《史记·七十列传·淮南衡山列传》中记载："又使徐福入海求神异物，还，为伪辞曰：'臣见海中大神，言曰："汝西皇之使邪？"臣答曰："然。""汝何求？"曰："愿请延年益寿药。"神曰："汝秦王之礼薄，得观而不得取。"即从臣东南至蓬莱山，见芝成宫阙，有使者铜色而龙形，光上照天。于是臣再拜问曰："宜何资以献？"海神曰："以令名男子若振女与百工之事，即得之矣。"'秦皇帝大说，遣振男女三千人，资之五谷种种百工而行。徐福得平原广泽，止王不来。"

司马迁在《史记》中记载了徐福（徐市）受令东渡日本的事件，亦有数千男女、百工、物种与书籍等随行。徐福自知求药无果，便在平原广泽之地称王不返。其中平原广泽即为蓬莱仙岛，也就是日本，平原为陆地，广泽为海洋。自此以后中日文献中多有徐福的记载与描述，徐福的故事在日本广为流传，且现在还有徐福陵墓与众多徐福祭祀庙祠。这是正史记载的第一次中国人大规模跨海移民，徐福东渡为日本带去了中华千年的文明元素，极大地推动了日本原始文化的进步与发展。

秦汉年间，齐鲁燕赵多地民众向东迁徙，虽大部分留滞朝鲜半岛，但仍有部分通过朝鲜海峡行至日本。其中秦始皇的扶苏系与胡亥系皇族先后逃亡至日本躲避追杀；313 年，朝鲜半岛"汉四郡"被朝鲜本土击散，一部分汉人迁回母国，一部分则迁入日本列岛。据《日本书纪》记载，仅于 540 年的统计，秦汉两族移居日本人数在 6 万～ 7 万人。这些移民为日本的生产力提高、农作物丰富、生活工具进步、社会制度变革等起到了积极推动作用，是日本弥生文化的坚实基础。

隋唐时期，中日交流日益增多，主要以日本遣唐使和留学生为主，中华文化中的佛法、建筑、文学、艺术、医药、科学、服饰、种植等知识成系统地输入日本，以鉴真和尚为代表的诸多行业专技人士被邀请移民或留居日本。直至明清时期，中国沿海商贾、船员、明清遗民、海盗及手工艺匠人曾有过一段时间的移民热潮，但随着中日矛盾日益加深，人数较之以前则呈骤减趋势；尤其清朝末期，海上文化传播已由中华向日输出，转变为日本向华输出。其移民态势也自日本侵略朝鲜后，成规模向中国转移。

（三）近代华人向东南亚移民

18—19 世纪期间，中国社会结构与生产力已经不能满足日益增长的人口需求，加之洪水、干旱、蝗虫等自然灾害，与土地兼并、民间起义、军阀战争等因素交织杂糅，同期以欧美为代表的新生势力通过海外殖民、经济创新、社会改革和科学革命等途径，使国家力量空前增长，影响力遍及全球，导致近代中国出现了成规模海外移民浪潮，其中东南亚成为主要目的地之一。

东南亚诸国的地理位置对于计划编织海上贸易网络的欧美列强具有强大的吸引力。自达·伽马第一次将欧洲帆船驶入印度洋，这一历史进程便进入了不可逆转的轨迹。星罗棋布的东南亚岛屿、优良的天然航道是连接东亚与欧洲的绝佳中转站。由北至南，经日本列岛，朝鲜半岛，中国胶东半岛、长江与黄河入海口、广州、泉州、台湾岛与澎湖列岛、海南岛、南中国海，向西暹罗、锡兰、马六甲、印度、亚丁、哈丰，再向南马达加斯加、好望角，再向北进入佛得角，驶进直布罗陀海峡，进入地中海后，东方的丝绸、茶叶、瓷器、香料、小麦、棉花、橡胶，非洲的奴隶、蔗糖、金属矿石，与欧洲的皮毛、葡萄酒、机械设备等商品就完成了完美的交换。漫长的海路，人员需要休息、船只需要维修、淡水和食物需要补给、商品需要交换、船队需要护航，因此海上贸易据点必不可少。东南亚诸国作为欧亚海上交通枢纽，理所应当地成为海上货物周转、商业信息交换、海上物质补给、人员休整的理想之地。

1511 年葡萄牙人占领马六甲；1570 年西班牙人征服马尼拉，1626 年再度占领中国台湾北部鸡笼（今基隆），1628 年又占领中国台湾的淡水；1619 年，荷兰人开埠巴达维亚，1621 年占领澎湖，1624 年被明朝军队逐出后转往大员建立城堡；英国随后占领槟城、新加坡、仰光等地建立贸易据点。欧洲列强在东南亚的商业据点网络就此形成，全球化贸易也由此开启。巨大的海洋贸易网络需要大量的商人、工人、餐饮住宿和各行业服务者，原住民在殖民者的强压下不能完全参与社会变革，因为殖民者害怕他们强大后的反抗，于是便开出优厚条件招揽华人进入东南亚。近代史上中国向东南亚的移民潮也由此启动。截至鸦片战争前夕，东南亚华人已达 150 万人左右。然而，西方殖民者担心华人势力过于强大威胁其统治，西班牙、荷兰、英国殖民者在东南亚多次制造事件打压和屠杀华人，培养当地反华排华情绪，在原住民与华人之间大搞平衡制约之术，为之后许多事端埋下了隐患。

19 世纪，欧美国家相继废除奴隶贸易，但其之前由奴隶从事的种植、采矿、建筑、雇佣等高强度体力劳动产业依然存在。同期，清朝羸弱，国势渐微，西方列强乘势侵占中华，导致民生凋敝，一部分饥饿之民为谋生计，不得不跨洋外出务工；另一部分则被国内买办阶级、国外蛇头组织以各种理由诱骗出国从事苦力，时称为“卖猪仔”。

当时华工多被派遣到东南亚、非洲、北美洲、拉丁美洲和澳洲，其中，东南亚数量最多，占该时期契约华工总数的 90% 左右。他们可以说毫无社会地位与权力，大多从事最苦最累的行业与工种，由于没有国家力量护持，被杀害、累死、欺辱的华工不计其数。

20 世纪初，国内征战不断，而国外的生产力指数则在工业革命的加持下暴增，基于建筑、搬运、采矿、种植、采摘的行业对劳动力需求旺盛。由于政治和其他原因，欧美采取了激进的排华政策，因此二战前夕，以闽粤为主的各省近 700 万移民进入东南亚谋生。20 世纪中期，国际环境发生变化。欧美等发达国家基于政治生态、人才结构、种族平衡等因素考量，放宽了对发展中国家的移民政策，客观上全球呈现出缓而有序的人口流动态势。因东南亚具有相当数量的华人群体、熟悉的文化环境与生活氛围，加之语言障碍相对容易解决，且与祖国距离不远，因此东南亚仍是华人移居的首选目的地。

截至 2022 年，东南亚的华人总数大约为 3348.6 万，占全世界海外华人总数的 60% 左右。基数庞大的华人群体深刻影响着东南亚地区的文化建构，不仅将中华文化与他国文化相融相生，还在一定程度上留存了昔日的中华民族的特色传统。尤其是汉语汉字符号系统，中华传统文化中的“和文化”“儒家思想”“中庸”“诚信友善”“兼容并蓄”“和而不同”“家国天下”等哲学思想，春节、清明节、元宵节、中秋节等传统节日在东南亚国家沉淀与传承，成为中国与东南亚各国之间最深层次的情感纽带，也是彰显中华文化生命力与创造力、包容性与和平性的鲜活案例。

第二节 海洋贸易与文化交流

海洋贸易将世界联通到了一起，一艘艘商船就像花丛中的蜜蜂一样，携带着不同地域、不同国家的商品与文化穿梭在地球上的花园之间。于是，希腊人知道了在神秘的东方，人们把一种树叶当作饮品，可以用虫子吐出的丝制作五彩斑斓的锦缎，还能把泥土烧制成洁白如玉、形状各异的器皿；中国人知道在遥远的西方，有一种用葡萄发酵制作的酒品，有从树上榨出的油脂，有一位神仙被称为“上帝”。

在海洋贸易中，人的流动有利于文化传播与交流，商品的流动则更有利于文化的沉淀与存留。商品作为被具象的文化载体之一，展示并保存了商品出产地区的地理条件、气候环境、审美取向、技术水平、生活状态、社会制度等诸多信息。尤其是在生产力尚未达到可以跨区域规模性制造异域产品的时代，跨海交易的商品在实用性与文化性方面均有不可替代的价值与意义。

以中国瓷器为例，便可窥其全貌。瓷器是享誉世界的中国商品与文化符号，经过数千年的发展与传播，其文化价值属性已经超越商品价值属性，成为中华文明内涵中重要的组成部分。

自秦汉时期始，中国瓷器便由海路出口至日本、朝鲜半岛、东南亚，并经马六甲海峡运抵印度，再由印度、波斯商人分销至地中海沿岸。进入唐朝后，中国瓷器出口量进入高峰期，明清时期达到顶峰。

中国瓷器在欧洲很受欢迎与尊重，是中国对世界文化的一项重大贡献。与欧洲传统的木质容器相比，其透气性和恒温性可以有效抑制食物霉变；其器型美观、制作精细、种类多样，可适用摆件、馈赠、生活工具等多种场景；瓷器上的纹饰与图案则反映了东方古国的哲学意境、美学层次、文学造诣、艺术水平、社会制度、信仰风俗与生活品质。

瓷器的等级反映出了古代中国的社会结构。例如，官窑瓷器是由官方设立、管理和掌握的，主要供皇家和官府使用，其生产的瓷器具有相对明显的制式标准与使用规范，后在明洪武年间，又专门设置了御窑。与之相对的是民窑，是民间瓷器的制作场所，用于生产满足各阶层不同需求的瓷器。两者虽然在制式和使用上存在着明显的界限，但不能简单的以优劣高低而论，而在艺术价值方面各有千秋。御窑是指专门为皇家烧制瓷器的窑口，所出瓷器只能皇家使用，因此御窑的制品在釉色、纹饰和形制等方面有着明确的规范与内涵，其标准是由宫廷提供，制作者仅对制作工艺负责，而不能自由发挥和创造。明朝是中国古代历史上最后一个由汉族建立的大一统帝国，也是中央集权的最高峰，而御窑则是这种政治制度符号化的产物，同时还肩负着革除元朝外族统治痕迹、恢复传统礼仪、彰显社会等级制度与文化溯源的功能。通过对明清御窑研究，可以在另外一个角度观察到明清时期的文化脉络、国家实力与政治理念。御窑的管理极其严格，外界一般只能通过皇家赏赐、外交赠送国礼等渠道获取，但在清末帝国主义侵略中国期间，多有流失。除此之外的官窑与民窑通过海洋贸易对外输出体量极大，自秦汉起便通过海路远销世界，并被冠以了“外销瓷”的称谓，逐渐发展成为一个品类，其文化内涵极其丰富。16 世纪前欧洲还没有掌握制作瓷器的方法，完全依靠进口，且数量和品质还要受到中国当时政权的控制。直至 17 世纪欧洲才有能力仿制中国瓷器，并由初始阶段的全盘效仿发展为融合本国文化需求，并形成了中西合璧的瓷器文化现象。

瓷器的图案蕴含着古代中国的哲学思想、神话故事与审美情趣。中国的瓷器，器型丰富，包含摆件饰品、生活器皿、宗教造像、祭祀礼器；釉色斑斓，青、白、黑、绿、黄、红、蓝、紫各美其美，或单色、或杂色，或渐变、或纯粹；图案庞杂，有神话传说、历史大事，有神仙鬼怪、江湖轶事、凡夫俗子、王侯将相，有诗词歌赋、自然风光，有警世恒言、人物传记……内容林林总总，可以说是一座反映、记录、传播中国文化的物质宝库。瓷器仿佛古代中国的宣传活页，漂洋过海进入世界各个地区、各个国家、各个民族的千家万户，用鲜活的图案向他们讲述着关于古老而神秘的东方大国故事，彰显着独属于中国的智慧与审美。

在中国瓷器的大家族中，青花瓷以其独特的蓝白色调与美学意境征服了世界，被誉为“国瓷”。其中以元青花“鬼谷子下山大罐”“萧何月下追韩信梅瓶”等大器佳作为代表的作品，不仅从器物造型、胎质、釉色、工艺等方面看皆属上品，更是传递了中华传统文化的哲思与文脉。

与瓷器一并流向世界的还有精致华美的丝绸、口味各异的茶叶、光怪陆离的玉石，还有那航行在海上的船只、记录海图的薄纸、定位巡航的司南、神秘晦涩的汉字都将古代中国推向了那个时代文明的顶端，激发了外国人对中国的无限遐想。

当然，商品的流通是双向的，中国商船返航时也会将世界的信息运载回来。欧洲的地图、书籍、银器、玻璃、羊毛、皮革、烟草，非洲的橡胶、白糖、甘蔗、粮食、金属，印度的棉花、香料、棕榈油，东南亚的丁香、胡椒、肉桂、花卉等商品的流入，丰富了中国人的物质与精神生活。

尤其是大航海时代开启以后，全球化成为不可阻挡的趋势。海洋上繁忙的航线就如同联通世界的桥梁，使得世界各地的资源、文化、技术得以更加广泛地交流和传播，形成了前所未有的全球互通网络，也深刻影响了今后近 500 年的世界格局。

第三节　基于海洋通路的宗教传布

基督教、伊斯兰教和佛教被称为当今世界三大宗教。宗教在起源之初都是区域性的，对外发展路线一般由策源地向周边辐射，基本盘与传教区在地理毗邻性上联系较强，主要原因是相同文化背景、生活环境、社会结构，以及相似的价值观念和语言系统为宗教传播提供了基本条件。

然而基督教在发展过程中走出了一条与众不同的传播之路。其转折点发生在欧洲思想启蒙之后。启蒙运动以后，神文主义跌落神坛，人文主义与科学主义登上历史舞台。教堂的“生意”越发惨淡，许多积存都被革命者搜刮一空，他们不再受到欧洲人民的尊重与欢迎，甚至被新教徒抵制或伤害。

历时 1000 年的黑暗中世纪豢养了大量教士，他们缺乏基本的生存技能，而且也过惯了锦衣玉食的富贵生活，除了解释教义、传播经文、发展信众似乎再没有什么特长了。或许其中一些具有医学、物理、化学、生物和艺术知识的人群尚能有所饭食，但大多数教士逐渐成了失业者，他们陷入了迷惘与无助之中。

然而历史的机遇实在令人无法捉摸。教皇还没有从教会分裂的阴影中调整好情绪，上帝又向他挥起了进军新世界的旗帜。大航海时代开启了。教皇与葡萄牙、西班牙率先签订协议，授权他们以上帝的名义向非基督教国家传播教义、发展信徒。随着越来越多的国家加入殖民者行列，教皇敏锐地意识到基督教再次走上神坛的时机到了。1622年，教皇格里高利十五世在罗马教廷成立传信部，专职负责海外传教事务，并建立传信学院，培养了大批传教士，为今后在全世界传教发挥了巨大作用。在传信部的领导下，天主教会所有的修会组织如圣方济各会、圣多明我会、耶稣会、奥古斯丁会、加尔默罗会都积极投入传教活动，成为传教的主力军。

基督教虽然在发展过程中因为对教义的理解不同而分裂出了许多派别，但向外传播基督教义的特征始终没有改变。武力殖民与宗教殖民在西方帝国主义对外侵略过程中齐头并进，一方面用屠杀与血腥使被殖民者不敢反抗，一方面用宗教控制思想使被殖民者忘记反抗。帝国主义在解除对手抵抗能力的同时，也粉碎了原住民的文化与信仰，培养出一大批甘愿为其服务的地方傀儡。截止到20世纪，基督教传教士的足迹几乎踏遍了全球的每一个角落，由于海外传教的门派繁杂，加之新教在重新理解教义与打破中世纪思想枷锁方面的榜样作用，基督教在海外传播期间逐渐淡化或变通了教义中与殖民地原住民文化激烈冲突的内容，客观上对于遏制基督教中极端主义萌芽发挥了削减作用。同时，基督教开始与各地原始信仰相融合，逐渐发展出各式各样的基督教教派，他们在失去初代传教士的约束与教义解释后，基督教在更广义的范围内呈现出自主性、灵活性、地方性、多样性以及宗教本土化的特征。

基督教的海外传播并不是和平的，而是充满了强迫与血腥。例如，在拉丁美洲，西班牙征服者每到一处都要张贴布告，强迫当地人皈依基督教，凡是抵抗者均处以死刑。传教士们则在传教的同时，注重从物质与精神多维度摧毁原住民的信仰与文化，他们推倒纪念碑、捣毁庙宇、破坏各种图腾造像，并在原址修建教堂。截止到21世纪，天主教仍在拉丁美洲占据了绝对比例。如巴西约74%的人口信仰天主教，墨西哥约81%的人口信仰天主教，阿根廷约

76% 的人口信仰天主教，秘鲁约 76% 的人口信仰天主教，哥伦比亚约 79% 的人口信仰天主教。

基督教的传播与西方帝国主义政权从来都是相生相伴的，虽然在一定历史时期教权与君权产生了矛盾与争斗，但基督教赋予欧美国家的价值观与世界观是永远无法剥离的哲学逻辑，也是他们认识客观世界、建构世界图景的基本逻辑。因此从帝国主义的潜意识与实际行动上观察，会发现宗教传播与殖民统治的指向和目的是具有高度一致性的，并不会出现基督教用上帝的悲悯帮助受迫害的人群摆脱威胁与困苦的情况，反而采取了有利于侵略者一方的教义解释来掩盖其行为的不正义性。

以非洲大陆为例，截止到 19 世纪末期，废奴运动产生实际效果之前，基督教在非洲的传教效率远远低于其他地域，这并不是那些宗教狂热分子没有发现这片大陆，也不是因为他们认为黑人的身份不配沐浴上帝的恩泽，而是基督教在教义中明确指出了只有对异教徒才能实施征伐，在此之前教会在奴隶贸易中扮演了重要角色。废奴运动结束后，没有了经济利益的羁绊，基督教开始在非洲大陆开展大规模的传教活动，逐渐发展成为以宗教为思想武器，以扶持傀儡政权维持其既得利益的新殖民形式。如今非洲是基督教教徒增长最快的地区，根据中国社会科学院西亚非洲研究所、中国非洲研究院和社会科学文献出版社共同出版的《非洲发展报告 2018—2019》相关数据，2018 年非洲基督教徒人数达到 6.31 亿，位列全球各大洲基督教徒人数的首位，主要集中在撒哈拉以南非洲地区，自西向东有科特迪瓦、加纳、多哥、贝宁、尼日利亚、乍得、苏丹、埃塞俄比亚等国。从趋势上看，基督教在非洲仍有较大的拓展空间，在未来一段时期内，将继续保持着高速增长的势头。在撒哈拉以南非洲，预计未来几十年基督徒规模将增加一倍以上，至

2050 年将达到 10 亿，在全球基督徒中的比例将上升至 38%，尼日利亚有望成为世界上第三大基督教国家。

迄今为止，广义上的基督教信众覆盖了世界各个国家，除欧洲、美洲、大洋洲、非洲南部为稳固的基本盘外，日本、韩国、菲律宾、越南、印度都已形成具有一定影响力的教区与信众群体。其教众约 19.6 亿，占世界人口的 33.15%，相对于伊斯兰教 7.6 亿和佛教 3.5 亿的信众来讲，其规模与影响力不容小觑。

第九章　海上丝绸之路

丝绸是中国最具代表性的特产之一，也是世界上最早发明和生产的天然纤维织品之一。中国自古以来就以丰富的丝绸产业而闻名于世，丝绸制品因其精美的质地和华丽的色彩在全球享有盛誉。丝绸在中国文化和历史中扮演着重要的角色，它就像是一条通路、一架桥梁将世界连接到一起，使得东西方文化以此为媒相互交织。

关于丝绸的起源可以追溯到远古时期，黄帝之妻嫘祖首创种桑之法、抽丝编绢之术。现代考古成果证实了至少在距今 5000 年前，中国两河流域便已经出现了蚕桑养殖与丝织品。浙江余姚河姆渡遗址出土了许多陶制生产工具，其中就包括陶制纺轮、打纬骨刀、骨梭、梭形器、木制绞纱棒、经轴（残片）等纺织工具，在一同出土的陶罐上还刻着四条栩栩如生向前蠕动的蚕纹，这说明当时该地的先民已掌握养蚕知识，并有原始的纺织劳动。在仰韶遗址中，发现了距今约 5300 ～ 5500 年的蚕丝制品残留物；在良渚遗址出土了距今约 4400 年的丝织品残留纤维。

结合西方文献记载，赛里斯（Seres）是古希腊、古罗马对丝绸来源国的称呼，便可推导出丝绸不仅是中国独有的商品，而且具备了一定产量，在 4 世纪到 5 世纪，通过某些渠道传播到了古欧洲地域，在那里形成了一定规模的认可与影响，因此才会有专属的名词来形容。在李希霍芬的著作中，他推测在古希腊和古罗马时期，欧洲有可能将印度与中国混为一谈，把丝绸与香料的来源都归结为东方国度。根据历代欧洲国家无惧航海风险致力于寻找通往东方的海上航线这一事实，就可以判断出在当时丝绸的尊贵与受欢迎程度。

作为产品，丝绸是人类最早利用的动物纤维之一，并含有多种人体所需氨基酸，质地轻薄柔软，具有一定强度，可有效保持体感舒适与健康。蚕丝材料可以吸收、释放和保持一定量的水分，冬暖夏凉，还可以有效阻隔静电、隔绝紫外线照射，其在不同光源作用下形成的光泽使其具有迷人的视觉效应，辅之以丰富的色泽与图案更显尊享与华贵。作为商品，丝绸的制作过程非常烦琐，需要大量劳动力和时间，且丝绸蚕的饲养和丝线的纺织技术在古代属于高度专业化的工艺，相对于其他一般商品来说，具有更高的稀缺性和珍贵性。因此，丝绸在很长一段历史时期具备货币属性，多用于财物交易、薪金代资、抵御通胀、税赋缴纳等环境，同时也是国家对外贸易、外交馈赠、皇帝赏赐的必备物种。

自秦汉起，丝绸便以中国为起点销往世界各地。一路为陆上丝绸之路，一路为海上丝绸之路。其中，陆上丝绸之路又分草原丝绸之路、沙漠丝绸之路和西南丝绸之路。

草原丝绸之路是指蒙古高原沟通欧亚大陆的商贸大通道，根据考古材料，大约形成于公元前 5 世纪，这条路线的东面连接中国，西面则与地中海北岸的古希腊连接，它由内蒙古阴山长城沿线，向西北穿越蒙古高原、中西亚北部，直达地中海北陆的欧洲地区，途经的国家包括现在的中国、蒙古，以及中西亚和欧洲的一些国家。

沙漠丝绸之路指的是欧亚之间的一条陆路通道。这条路线全长

7000 多千米，分为东、中、西三段。东段从长安至敦煌，较之中西段相对稳定，但长安以西又分为三线。中段从敦煌到交河、龟兹（今我国新疆库车）、疏勒（今我国新疆喀什）、越葱岭到大宛（今乌兹别克斯坦费尔干纳），再往西经安息而达大秦。西段从葱岭往西经过中亚、西亚直到欧洲。这条路线中途经过亚洲腹地，在干旱的沙漠、戈壁和高原中由绿洲相连而成，因此被称为沙漠丝绸之路。

西南丝绸之路，也被称为南方丝绸之路，是古代中国西南地区对外商贸和交流的主要通道之一。这条路线起源于 2000 多年前的汉代，是一条深藏于高山密林间的全球化贸易、文化通衢。它是中印两个文明古国最早的联系纽带，由三大干线组成，主线全长 6000 多千米。一条是从西安到成都再到南亚、东南亚的山道崎岖的西南丝绸之路，即陕康藏茶马古道—蹬古道，通向南亚、东南亚、中亚、欧洲国家；一条是从成都南出发，经宜宾、曲靖、昆明、楚雄；三是上述两条路线大理汇合后西行，经漾濞、永平、保山、腾冲出缅甸，从保山至缅甸段称为“永昌道”。

海上丝绸之路主要有两条航线，即东海航线与南海航线。东海航线也叫“东方海上丝路”。春秋战国时期，齐国在胶东半岛开辟了“循海岸水行”直通辽东半岛、朝鲜半岛、日本列岛直至东南亚的黄金通道；唐代，山东半岛和江浙沿海的中韩日海上贸易逐渐兴起；宋代，宁波成为中韩日海上贸易的主要港口。南海航线又称“南海丝绸之路”，起点主要是广州和泉州。先秦时期，岭南先民在南海乃至南太平洋沿岸及其岛屿开辟了以陶瓷为纽带的交易圈；唐代的“广州通海夷道”是中国海上丝绸之路的最早叫法，是当时世界上最长的远洋航线；明朝时郑和下西洋更标志着海上丝绸之路发展到了极盛时期，南海丝路从中国经中南半岛和南海诸国，穿过印度洋，进入红海，抵达东非和欧洲。

回顾过往，虽然中国海上贸易十分繁盛，但“海上丝绸之路”作为一个专属名词却是由德国地理学家费迪南德·冯·李希霍芬提出的。在其 1877 年出版的《中国——亲身旅行和据此所作研究的成果》（*China: Ergebnisse eigener Reisen und darauf gegrundeter Studien*）中，以“SEIDENSTRASSE DES MARINUS”（海上丝绸之路）为标题对中国丝绸的贸易途径进行了描述，并在随后的地图附页上用红蓝两种颜色标出了陆上与海上丝绸之路的大致走向。虽然李希霍芬在此著作中提出了丝绸之路的概念，但也是仅作为其学术著作的一项内容从地理的角度进行阐述，没有跳脱时代与文化的局限和主观性，因此其对丝绸之路的价值提炼与文化理解缺乏客观性。

此后“丝绸之路”被学术界广为接受，但与海上丝绸之路相关的研究并不兴盛，仅 1967 年日本学者三杉隆敏出版《探索海上的丝绸之路》一书，成为专论海上丝路的专著。此后国学大师饶宗颐 1974 年在其论文中提及“海道作为丝路运输的航线”。直到 1982 年，北京大学陈炎教授在《略论海上“丝绸之路”》一文中论述了中国在不同时期向外运输丝制品的线路，“海上丝绸之路”方作为一个相对完整的独立的词汇出现在中国学者的论述中，并由此开拓了海上丝路研究的新局面。①

丝绸之路或海上丝绸之路概念的提出，不仅明晰了中国以丝绸为主要商品对外贸易的地理概念，而且也汇集了东西方信息交流、人口迁徙等丰富的文化内涵，并逐渐发展成为超越地理概念且专属于中国的文化符号。

海上丝绸之路的发展历程可以划分为六个阶段。首先海上丝绸

① 司徒尚纪，许桂灵 . 中国海上丝绸之路的历史演变 [J]. 热带地理，2015，35（5）：628-636.

之路的兴起阶段可以追溯到商周时期，发展于春秋战国时期。其次是形成阶段，秦汉时期，海上丝绸之路真正形成并开始发展。接着是发展阶段，海上丝绸之路在魏晋时期得以进一步发展。然后是繁荣阶段，隋唐时期，海上丝绸之路达到了繁荣的阶段。接下来是鼎盛阶段，海上丝绸之路在宋元时期发展至鼎盛。最后是由盛及衰阶段，明清时期，海上丝绸之路的发展由高潮转向沉寂。

第一节　海上丝绸之路的兴起、形成与发展

古籍《竹书纪年》中记载：帝芒十三年（公元前 2001 年），东狩于海，获大鱼。河姆渡考古出土了船桨、鲸鱼椎骨和鲨鱼牙，且远在舟山群岛也出土了与之相近的遗迹遗物，由此可证早在距今 7000 ～ 5000 年前的新石器时代，我国先民就已经掌握了桨动力技术，并且能够驾船远离近海海岸出海活动了。

1989 年，在珠江出海口上高栏海岛南端的宝镜湾，发现两面阴刻岩画，被称为“宝镜湾遗址”。据测定，该岩画制作于距今 4000 ～ 3000 年前，其中的船型图像充分体现了当时人们的航海技术。画中船只造型为身阔平地，首尾尖翘，配有帆舵，说明该船型与功能已经是十分成熟，且发展到了可以利用风力作为动力源的风帆时代，作为控制方向的“舵”的出现则体现出航海技术已成体系。风动力、平底、首尾尖翘、舵等元素的出现，已经满足了远海航行要求。

海上丝绸之路的雏形出现在秦汉时期。最初的航向以北线为主，主要是航行至朝鲜半岛和日本。自箕子朝鲜时期，古代中国就开始通过航海探索外部世界了，就在秦统一六国期间，多地民众逃

至海外，养蚕与制丝技术也随之外溢朝鲜。2 世纪左右，中国蚕种由朝鲜被引入日本。南朝时期在日本请求下，中国派汉织、吴织、兄媛、弟媛四人入日传授制丝工艺。当时日本与中国航线由大阪启航经今九州、对马岛屿、朝鲜，顺渤海沿岸至山东半岛，沿东海向南直至扬州。

徐福可以算是古代海上丝绸之路的开拓者之一了。在司马迁《史记》、东方朔《海内十洲记》和后周义楚《释氏六帖》中都有记载。秦始皇为求长生，命方士徐福出海求访仙药，徐福自知难以复命，为求存活，率 2000 个童男童女和诸业百工东渡日本避祸，遂称王建国。如今在日本，徐福的故事广为流传，并在各地存有数十所徐福墓葬、祭祀场所和主题公园。

贸易是海洋活动的主要驱动力之一。跨地区货物交换的出现，说明本区域已经产生资料剩余，为了满足更丰富的物质需求，交换与贸易便出现了，这种行为是人类社会发展的客观规律的体现，也反映了主观意愿与客观现实的统一。这就是为什么我们会看到，无论是古代的丝绸之路，还是现代的全球贸易网络，经济活动都在其中起着至关重要的作用。

丝绸、瓷器、铁制品与茶叶作为古代中国最具特色、价值最高的商品，在国内外受到了极高的赞誉和广泛的欢迎。春秋战国时期，齐国在胶东半岛开辟了“循海岸水行”，早期的海上贸易活动为后来海上丝绸之路的发展奠定了基础。自张骞出使西域后，中国的丝绸就开始大量流向西方，一方面官方将其以国礼的名义用于外交活动，另一方面大量私商为追求高额利润开始丝绸贸易。

《后汉书·列传·西域传》中表述：“至桓帝延熹九年，大秦王安敦遣使自日南徼外献象牙、犀角、玳瑁，始乃一通焉。其所表贡，并无珍异，疑传者过焉。”意思是在 166 年，大秦（罗马）安敦尼王朝派使者，在日南（今越南广治省东河市，时为汉郡）关外向东汉桓帝进献象牙、犀角、玳瑁等商品，这是两个大国第一次交往。诸多文献将此作为西方与中国海上交流的佐证，但与15世纪末西方穷极其力，达·伽马1498年才探得欧洲通往印度洋的直通航线有相左之处，且目前尚无实证证明罗马与东汉的交流是由海上而来，此处存疑待查。当然也不能排除在近1000年的欧洲黑暗中世纪期间，以托勒密为代表的西方自然科学成果被搁置和遗忘。有资料显示，在欧洲思想启蒙伊始，葡萄牙的亨利王子凭借在旧纸堆中找到的托勒密地圆学说相关资料，坚信地球是圆的，进而坚定了支持和发展航海、寻找通向东方航线的信心。

三国时期的吴国利用其优越的地理位置，积极开展了海上贸易。根据《三国志·吴志·吕岱传》的记载，吴国在福建设置了典船校尉，将作奸犯科之徒送去造船，进行劳动改造。此外，吴主孙权在226年分交州为交、广二州，南海、苍梧、郁林、合浦四郡为广州，广州之名自此始。同年，孙权命宣化从事朱应和中郎吴康泰出使东南亚各国。朱应、吴康泰访问了扶南（今柬埔寨）、林邑（今越南中南部）及“西南大洋洲上”诸国。朱、吴二人归来后，分别写了《扶南异物志》和《吴时外国传》二书，记述他们“所经及传闻，则有百数十国”的见闻。

《汉书·地理志》中记载：“自日南障塞、徐闻、合浦船行可五月，有都元国（今印尼或马来西亚一部），又船行可四月，有邑卢没国；又船行可二十余日，有谌离国（今缅甸勃固或泰国曼谷）；步行可十余日，有夫甘都卢国。自夫甘都卢国船行可二月余，有黄支国（今印度甘吉布勒姆地区），民俗略与珠厓相类。其州广大，户口多，多异物，自武帝以来皆献见。有译长（翻译），属黄门，与应募者俱入海市明珠、璧流离、奇石异物，赍黄金，杂缯而往。

所至国皆禀食为耦，蛮夷贾船，转送致之。亦利交易，剽杀人。又苦逢风波溺死，不者数年来还。大珠至围二寸以下。平帝元始中，王莽辅政，欲耀威德，厚遗黄支王，令遣使献生犀牛。自黄支船行可八月，到皮宗；船行可二月，到日南、象林界云。黄支之南，有已程不国，汉之译使自此还矣。”由此可见，汉武帝时期，海洋视野已经相当宏大，海上对外交流密切频繁，地理知识完善翔实。

西汉后，南海海上贸易之路越发繁忙，以广州为始发地，架起了联通东南亚诸国、印度、斯里兰卡、波斯湾等地的海上桥梁。阿拉伯与中国商人能够利用季风往返于东海与波斯湾之间，每年一个往返周期。两地商户在始发地囤积商品，疾风开始后驶向目的地，贩卖货物后将别国商品装船返航。如此反复，形成了完善的商业航线。

此间，中国的丝绸、瓷器、茶叶、铁制品、工艺品、书籍、字画等商品由阿拉伯商人中转，运抵欧洲后高价出售，往往能够获利 200% ～ 400% 以上，同时西方羊毛、地毯、金银器、玻璃制品、皮革、珠宝等物品回流至中国。受季风影响，双方的商人不能即刻返程，多选择在彼地建立临时落脚修整、收购商品的场所，不乏兼做客船生意。如此人员流动与文化交流日益加深，极大增进了不同文明之间的交往互鉴。

佛教也由此大举传入中国。据记载，梁武帝普通年间，印度名僧菩提达摩从海上来到广州，在今华林寺附近登岸并修建了“西来庵”，成为达摩在我国最先传播佛教之地。人们尊崇这位来自西方佛国的高僧，称其登岸处为“西来初地”，此地名一直沿用至今。菩提达摩后来到嵩山少林寺面壁九年，弘扬禅宗，被奉为中国佛教禅宗始祖。而西来庵作为他来粤传扬佛教教义的第一道场，也是唯一亲自建立的道场，堪称名副其实的“禅宗第一祖庭”。

法显（337—422），俗姓龚，是东晋、刘宋时期的高僧和旅行家。在 399 年，法显从长安出发，经过西域至天竺寻求戒律，游历了 30 余国，收集了大批梵文经典，前后历时 14 年，于东晋义熙九年（413 年）归国。法显在去天竺取经时，选择了陆上丝绸之路的路线：从长安（今西安）出发，沿丝绸之路北上，经过河西走廊、敦煌以西的沙漠到焉耆（今新疆焉耆），向西南穿过今塔克拉玛干大沙漠抵于阗（今新疆和田），南越葱岭，取道今印度河流域，经今巴基斯坦入阿富汗境内，再返巴基斯坦境内，后东入恒河流域，到达天竺境界，又横穿尼泊尔南部，到达东天竺。

返程时，法显选择了海路：他在狮子国（今斯里兰卡）停留两年后，乘坐商船纵渡孟加拉湾，抵达耶婆提（今苏门答腊岛或爪哇岛），然后换乘北船，最后于东晋义熙九年抵达青州长广郡（今山东即墨）的崂山。

第二节　海上丝绸之路的繁荣阶段

一、国内外环境促进海上丝绸之路发展

隋唐时期，海上丝绸之路进入繁荣阶段。国家的长治久安与统一稳定为商业发展提供了有利环境，两朝政府思想相对开放，不限商贾，尤其是航海与造船技术的蓬勃发展，推动了海上贸易的繁荣。安史之乱后，经济重心南移，沿海城市成为国家经济发展的新动力，逐渐超越北方成为富庶之地。

同期，唐朝在与阿拔斯王朝的战争中战败，又逢安史之乱爆发，唐朝失去了对西域的有效控制，陆上商贸活动受到打击。加之

阿拉伯人征服了原先在西亚的霸主波斯萨珊王朝，倭马亚王朝成为地跨亚非欧的强大帝国，在经济、宗教、军事等方面与拜占庭帝国的矛盾不断升级。战争导致陆上交通变得极为艰险，阿拉伯人完全垄断了由红海、波斯湾输往欧洲的贸易通道，导致丝绸、瓷器、茶叶、铁器、香料等必需品价格奇高。地缘环境与国际国内形势，为海上丝绸之路的快速发展提供了历史条件。

中国拥有绵长的海岸线和许多终年不冻的天然良港，海港城市设施完备，经济政策宽松包容，造船与航海技术十分发达。陆路能到的城市国家，海路基本都能达到，而且还能覆盖陆路所不及的地区。加之海路不受地缘战争和中间国家牵制，船载运量远超陆路，尤其是瓷器等易损坏商品，海路是最佳选择。同时，我国东南地区又是丝绸、外销瓷、茶叶的主产地，造船业聚集区，因此海上丝绸之路的兴盛是应有之意。

唐朝国力强盛，怀柔四海，海洋活动成果令人瞩目。开辟了联通亚非欧三洲的“广州通海夷道”（中国对海上丝绸之路最早的称呼），从广州出发，穿过南海、马六甲海峡，进入印度洋、波斯湾，辗转可抵东非海岸，经过 100 多个国家和地区，全程 14000 千米，为唐朝最重要、当时世界上最长海上交通线，主要向外输出丝绸、瓷器、茶叶和铜铁器四种大宗商品，带回香料、金银器等奇珍异宝。由此广州、泉州、明州、扬州、交州、福州、登州、温州、苏州、雷州、恩州、潮州等港口亦为各国商人聚集之地，而广州则发展成为当时中国乃至世界最重要的贸易港口。

唐太宗贞观初年，有 20 多个国家和地区与唐朝建立外交关系，到唐玄宗天宝年间（742—755 年）已上升到 70 多个，它们多经过广州，从事贸易往来。据中西交通史专家张星烺统计，唐代每天抵广州外舶约 11 艘，一年约 4000 艘，设每船载客 200 人，则一年抵穗者约 80 万人次。这些登陆者来自大食（阿拉伯）、波斯（伊朗）、天竺（印度）、狮子国（斯里兰卡）、真腊（柬埔寨）、阿陵（爪哇）等国。唐政府让他们集中居住在广州今光塔路一带，时称“蕃坊”，人数至少 12 万，实行自治，为广州城市一块域外文化板块。[①] 蕃坊的大概范围，以今广州市光塔路的怀圣寺为中心，南抵惠福西路，东以米市路为界，西至人民路，北到中山六路。现光塔路、大纸巷、蓬莱北、擢甲里、朝天路、仙邻巷、鲜洋街等街巷名，均是唐宋时期“蕃坊”街道的遗称。柳宗元在《岭南节度飨军堂记》中记载了广州与海外诸国联系的繁华景象：“其外大海多蛮夷，由流求、诃陵，西抵大夏、康居，环水而国以百数，则统于押蕃舶使焉。”

二、经济发展需求推动海外市场拓展

隋唐是中国古代政治稳定、经济发达、社会繁荣、风气包容、军力强盛、文化璀璨的历史阶段之一，国家综合实力跃居世界之首。

根据气象学研究，隋唐时期气候特征总体以温暖为主，有利于农业生产，随之而来的人口增长助力了生产力的提高，社会剩余的增加又刺激了消费，贸易由此更加活跃。

在国家政治方面，隋唐时期建立了相对稳定的中央集权制度，加强了国家的统一和稳定，特别是唐朝建立后，实行了一系列有效的政治制度，如科举制度、县制等，进一步巩固了政权。在国家安全方面，唐代建立了庞大而强大的军事体系，通过一系列的征战，不断扩展国土，使得唐帝国的版图达到了历史上的巅峰，国家安全

① 司徒尚纪，许桂灵 . 中国海上丝绸之路的历史演变 [J]. 热带地理，2015，35（5）：628-636.

得到了有效保障。在社会经济领域，推行大索貌阅法，全面开展人口普查，使得编户大增；同时实行租庸调制度，以谷物、丝绢布匹代替徭役赋税；土地政策松绑，民间土地买卖使得土地价值得到提升，农业工具与水利设施的改进极大提高了生产效能；国家采取轻税政策，在实际纳税的编户增加情况下，国家税收总量并无减少，民间丰衣足食，手工业因此迅猛发展，全国经济环境与消费能力达到历史最佳水平。在外交方面，海上丝绸之路的开通，促进了与西亚、欧洲的贸易，为中国的经济繁荣作出了重要贡献。

隋唐时期，中国的经济发展达到了一个高峰。据历史数据显示，唐朝时期，中国的 GDP 占世界总量的比重高达 58%。这一时期，中国的长安成为人类历史上第一个人口数超过 100 万的城市，与同时期的拜占庭帝国首都君士坦丁堡相比大了 7 倍，比巴格达城大了 6 倍多，比古罗马城大了 4 倍，是当之无愧的“世界第一都城”。

生产资料充盈、生产关系和谐、生产力的提升使得商品产量大幅增加，并衍生出适应不同阶层的各色种类，进一步拓展了受众群体，进而鼓舞了生产动力与商品剩余，对外出口的要求也越发迫切。在国家经济、军事、文化等领域处于领袖地位的大背景下，以丝绸、瓷器、茶叶为代表的中国特色商品不仅在实用性上受到国外市场的追捧，更以其美学表达、哲学解释与文化内涵征服了世人。因此着丝绸霓裳、用唐朝瓷器、品东方茶叶成为高贵与典雅的象征。国内商品存量与国外需求量增加在隋唐时期达到统一，陆上贸易通道受到战乱、税赋、运量以及成本的制约，客观上为海上丝绸之路的繁荣提供了条件。

隋唐时期，国民整体消费能力较强，加之佛教盛行，香文化得到了长足的发展，香品种类更加丰富，应用场景更加多元；从国家到地方，上至王侯将相，下至贩夫走卒均在各种环境使用香品，因此整体香品消耗量很大。

明朝名士周嘉胄在其著作《香乘》中描写了前朝用香之场景：“晋武时外国亦贡异香，迨炀帝除夜火山烧沉香甲煎不计数，海南诸品毕至矣。唐明皇君臣多有用沉檀脑麝为亭阁，何多也。后周显德间，昆明国又献蔷薇水矣。昔所未有今皆有焉。然香一也，或生于草、或出于木、或花、或实、或节、或叶、或皮、或液、或假人力煎和而成。有供焚者、有可佩者、又有充入药者、详列如左。”意思是，在晋武帝时期外国就开始向国内进贡香料，隋炀帝曾在除夕焚烧难以计数的沉香甲煎等香料，燃起之火像一座山一样；唐明皇等君臣也有用香的习惯，或用香木作为建筑材料；香树的不同位置可以用于制作不同的香料，香料也可以有许多用途。由此可见，举国用香之量巨甚，故香料需求量激增。

但中国并不是香料种植产地，如黑胡椒、丁香、肉桂、姜黄、香草、丝柏、薄荷、桂皮、芥末、红花、香兰、茴香等大多需要从现在的伊朗、印度、土耳其、埃及、斯里兰卡、越南、印尼、马来西亚等国家进口，大量的香料通过海上丝绸之路进入中国。故海上丝绸之路也被称为“香料之路”。

隋唐瓷器制作工艺也有了巨大的进步。陶瓷胎质得到了明显的改进，采用了更为细腻均匀的陶土制作，使瓷器的质地更加坚实而细腻；釉料的制作和运用技术得到了显著提高，釉面更加光亮、通透，对瓷器的保护作用也更为有效；瓷器的装饰技巧得到了大幅度提升，采用了刻、划、刺、填、镂等各种技法，使瓷器表面的装饰更为丰富多样；窑炉的改进使得瓷器的烧制更加稳定和高效，各种类型的窑炉也开始应用。其中最著名的当数唐三彩了。唐三彩作为隋唐时期的瓷器之一，具有极高的历史文化价值，也是中国古代陶瓷艺术的瑰宝。唐三彩以其明亮丰富的色彩为特色，常见的颜色包括绿、黄、褐、白等，通过巧妙的配色组合，作品绚丽多彩；造型多样化，包括人物、动物、花卉等，其中以陶俑最为著名，其栩栩如生的形象展现了当时社会生活的丰富多彩，为后代研究唐代社会提供了重要的历史资料。

隋唐盛世期间，正值欧洲黑暗中世纪早期，此时的欧洲还无法生产令人目眩神迷的丝绸和爱不释手的瓷器。事实上直到 14 世纪，欧洲才开始尝试仿制中国瓷，直至 18 世纪中期工业革命以后才完全掌握制瓷工艺。而丝绸加工，因为需要占用大量非农耕土地种植桑树，还要配套灌溉设施，加之养蚕、缫丝、纺织等过程必须辅以大量具有丰富经验的技术人工，所以欧洲一直无法实现自产。因此丝绸与瓷器一度被欧洲认为是来自东方的奢侈品，完全依靠进口才能拥有。

现代考古在海上丝绸之路海域发现了大量沉船，其中出土最多的就是各式各样的瓷器。如：在宋代沉船“南海一号”出土瓷器就有 13000 余件套；明代沉船“南海西北陆坡一号沉船”以瓷器为主，推测文物数量超过 10 万件；清代沉船“泰兴号”已出土瓷器 35 万件。这些仅仅是三五示例，绵绵航线、茫茫海洋，所藏商船何止百千，由此可见海上丝绸之路的繁荣，中国瓷器出口量之巨大。

三、航海技术为海上丝绸之路提供了保障

古代中国在造船和航海科技方面取得了令人瞩目的成就，一度执世界之牛耳。发展至隋唐年间，中国造船与航海技术得到空前发展，为后代航海业的质变奠定了坚实的科学与实践基础。

隋炀帝时期，是隋代造船业发展的鼎盛时期。《隋书》中记载隋朝“船舰千艘”，《炀帝开河记》记载隋炀帝在江淮诸州造船：“帝自洛阳迁驾大渠。诏江淮诸州造大船五百只。”

至唐朝时期，社会生产力迅速发展，造船业发展更加迅速，船只成为常见的交通工具，史载：“天下诸津，舟航所聚，旁通巴、汉，前指闽、越，七泽十薮，三江五湖，控引河洛，兼包淮海。弘舸巨舰，千轴万艘，交贸往还，昧旦永日”。唐前期海船制造业发展迅速，最大的造船行为是太宗时期为渡海征讨高丽而进行的造船。太宗在江南道、淮南道所制造的船只皆是海船。唐后期，伴随着商业的发展，商船数量明显增多。日本学者木宫彦泰就曾提到：“自仁明天皇承和六年（839 年）到醍醐天皇延喜七年（907 年）唐朝灭亡为止，约七十年间，往来日唐之间的船舶，其中并不是没有日本船和新罗船……但大体来说，几乎全都是商船。”陈裕菁在《蒲寿庚考》中注“外人乘中国船之增加”中说：“唐末五代间，阿拉伯商人东航者皆乘中国船。”

隋唐时期的造船业在技术层面甚有突破，其性能远超同时期别国。这主要体现在以下几个方面。

一是水密隔舱，即用隔舱板将整个船舱分隔成互不相通的几个小的舱区，在很大程度上提高了航海期间船只的安全性；同时便于分类装载货物，有利于装卸和管理；再者隔仓板与船身紧密连接，使得船只具有分导压力的作用，有利于海船抗击风浪。水密隔舱技术大大提高了中国船只的先进性能，但是欧洲直到 18 世纪末才认识到这种船舶结构的先进性。这是中国古代造船技术上的一个重大发明，现在水密隔舱这种古老的造船工艺已经逐渐被世界各国造船技术所吸收，在现代造船业中也普遍使用。

二是将中国传统木艺“钉接榫合”技术运用到造船业。钉接榫合是中国的一项传统木工工艺，在唐代的时候便已经被创造性地应用于造船中，用以提高船体强度。考古资料显示，现出土的唐朝海船基本都使用了钉接榫合技术，相对于同时代国外使用铁钉缝合、糖汁或食物油腻缝等工艺，钉接榫合充分考虑到了木质的浸水、暴晒、碱化等木材变化的特性，使得船只更加严密与牢固。由于此工艺技术参数复杂、对工人技术要求极高、耗费人力物力和时间，因此只有中国海船应用了此项技能。

三是航海技术趋于成熟。唐朝时期已经对季风规律、洋流潮汐、台风灾害等自然现象有了一定认识，科学的海上导航定位能力已经萌芽，并应用在远洋航行领域。在唐朝已经出现了早期粗略的“航路指南”，记载了关于航线、水文、地文、暗礁、安全航道、避风港口、适宜抛锚临停地点等相关信息，为后代形成更为系统化的航路指南奠定了资料基础。

第三节　海上丝绸之路的鼎盛阶段

宋元时期，海上丝绸之路进入鼎盛阶段。宋朝延续了唐代的开放政策，当朝政权鼓励经济、支持商业，科学技术出现井喷式增长，文化空前繁荣，国家综合实力与海上贸易总量稳居世界之首。元朝虽然在商业格局、重商意识与科学迭代方面取得了令人瞩目的成就，海上丝绸之路影响力得到拓展，但作为明代的前朝，其国家经济结构既没有继承宋代的多元与开放，也没有伴随着朝代更替而变革，反而出现资本与资源官方垄断的现象，从现代经济学角度回溯，其阻碍了中国发展成为外向型国家的进程，为明朝经济体制的布局产生了相对消极的影响。

一、经济重心由北向南转移

唐朝末期，安史之乱导致北方经济遭到严重破坏，后虽平定叛乱，但长期陷入藩镇混战之中，国家无法组织有体系的经济活动。宋朝初期，北向贸易通道被党项、西夏、高昌、大食所阻，十字军东征令亚欧陆上通道几乎停滞，西南方向受大理、回纥、吐蕃所困。反观江南地区，各地方政权在一定程度上实现了局部安定，战乱较少，大批北方商人、手工艺者、平民劳力流向南方，在增加南方人口的同时，金融资本、生产技术的迅速进入令南方社会更加活跃，呈现出经济重心逐渐向南移动的迹象。

宋朝建立后，大力发展商业，国家赋税开始逐渐倚重南方。据统计，北宋熙宁十年（1077 年），南方商税占全国总量半数以上。靖康二年（1127 年），金朝南下攻取北宋首都东京，掳走徽、钦二帝，北宋灭亡，史称靖康之乱、靖康之难、靖康之耻。康王赵构逃亡南京即位，建立了南宋政权，为了缓解北方军事压力，南宋不得不以岁贡形式换取政权稳定。长期备战对国家财力提出了更高要求，以增加收入为导向的政治、经济、税赋、农耕政策相继出台，直接或间接促进了民间商业繁荣，进而引发宋朝在农业、航运、商业、货币、市场、科学技术等全领域的变革与突破。其中海洋经济成为南宋经济体系中的一大亮点。

南宋立足于江南，东南沿海自古航运业发达，自隋唐繁荣起来的商业港口并未因战乱受到影响，反而成为陆上贸易通道的接力者。出于对壮大国家财力、凝聚国内力量、抵御外敌威胁、维护国内稳定多重因素的考量，南宋海上贸易更加开放与活跃。在国家的支持与带动下，种植业、制造业、手工业、运输业、经商业、造船业、航海业全产业盘活，以对外出口为主的海上贸易推动了南宋由陆上国家向“准海洋强国”的转型。

元朝鼓励商贾，经商之气盛行于世，从官方到地方、从士绅至平民竞相参与商业活动，重商主义冲击着中华传统中的轻商思想，商人地位获得提高。东南沿海地区的经商环境更为宽松，从事海外贸易的情绪越发高涨，海上贸易一跃成为元朝财政收入的主要来源之一。同期，泉州、广州、庆元（今宁波）、上海、澉浦（今海盐）、温州、杭州等地成为海上对外贸易的主要港口，其中泉州一跃成为当时世界最大海外贸易港口之一，发展成为以中国为中心，辐射国内沿海、东北亚、东南亚、印度洋，直至红海、波斯湾的庞大海上贸易网络。

二、手工业促进海上贸易发展

宋朝时期，由于契丹、女真南侵，黄河流域蚕桑业生产遭到很大破坏，大批北方人口南迁，将蚕桑纺织技术带到南方，提高了南方丝织业的技术力量。同时，黄河流域气候逐渐变冷，影响了蚕桑丝织业的发展。西北陆上丝绸之路的阻塞、海上域外交通的兴起，刺激了南方丝织业的发展。这一时期太湖流域丝织业发展最快，形成了南京、苏州、杭州、越州、成都等几个南方丝织中心。在宋朝以后，以作坊为主的民间零散丝织行业已经不能满足日益发展的丝绸出口需求，丝织业的专业化生产进一步发展。

南宋时期，苏州、杭州和成都被誉为全国的三大锦院，每个锦院都拥有数百台织机和成千上万的工匠。宋锦的色泽华丽，图案精致，质地坚柔，以其华丽而不炫、贵而不显的风格，与南京云锦、四川蜀锦一起，被誉为我国的三大名锦。这些丝织品不仅在国内受到欢迎，而且在海外市场上也非常畅销。因此，南宋时期的苏州、杭州和成都可以说是中国丝织业的重要中心。

宁宗时期（1195—1224 年），为了防止钱币外流，政府采取了一项重要的措施，即以实物如丝绢、瓷器等作为货币与外国货品进行交割。《宋史 · 卷一百八十五》记载："嘉定十二年（1219 年）臣僚言以金钱博买，泄之远夷为可惜，乃命有司止以绢布、锦绮、瓷漆之物博易。"这实际上意味着中国的丝绸、瓷器在国际贸易中具有了特殊的地位，成为一种被南宋政府与外国认可的通用货币。通过采取这样的政策，南宋政府试图遏制对宝贵金属货币的过度依赖，特别是减少对白银的需求，以防止白银外流。将实物作为货币的做法是一种非常独特的措施，同时也反映了当时中国的商品丰富多样，特别是丝绸等产品在国际贸易中的高度重要性，这也为中国在国际经济交往中确立了一种独特的地位。将丝绸等实物视为一种有价值的交易媒介，一方面刺激了中国手工业的发展，加速了剩余商品的出口与换购，缓解了南宋政府金属货币流通压力；另一方面使得中国商品更广泛的流通于世界各国，增强了宋朝的对外影响力，客观上也反映了宋朝在世界贸易体系中的话语权重，间接提高了丝绸、瓷器的商品价值。

瓷器的普遍流行，不仅改变了中国的"社会面貌"，而且对国外的社会生活也有较大的影响。精美、实用、价廉的宋瓷，适应了海外地区人民的生活需要，改善了他们的饮食习惯，提高了他们的生活水平。许多国家和地区在引入中国陶瓷之前，饮食多用陶器、竹木器、金属器皿，甚至有的国家还用植物的叶子盛食物。《诸蕃志》中记述了登流眉国，也就是现在的马来西亚马来半岛，"饮食以葵叶为碗，不施匙筋，掬而食之"。在波斯国（今伊朗），只有国王才用得上瓷器来盛饭。据渤泥国（今印度尼西亚加里曼丹）的相关记载，他们饮食也不用器皿，用树叶捧着吃，吃完就把树叶扔了。自从我国的瓷器进入这些国家，为他们提供了精美和实用的器皿以后，那种原始的生活方式逐步得以改变。宋瓷顺应他们日常生活的需要，价格又不贵，是他们买得起的日用品。中国产的瓷器，器表釉料润泽，胎质坚硬细密，吸水率极低，不容易滋生细菌，易于擦洗，还不会与食物发生任何的化学反应，作为日常用品实非常合适。

元代瓷器在宋朝的基础上有了新的发展。南北窑与景德镇窑所产瓷器受到国内外消费者的追捧。元帝国的疆域远超前代，为拓展海外市场奠定了基础，“匠户”制度的实施为手工业提供了大量稳定的从业人员。元朝在景德镇设立浮梁瓷局，这也是全国唯一为皇室服务的制瓷机构，创烧了枢府釉瓷、青花、釉里红、蓝釉、蓝地白花、孔雀蓝釉瓷器等举世瞩目的瓷品，其中以元青花最为著名。景德镇瓷器由此走上中国乃至世界舞台的中央，并被冠以“瓷都”美誉。到元代后期，青花则较多地生产并风靡于世，官窑、民窑竞烧，不光是内销，还大量出口外销东南亚、欧洲等地。

元朝时期，统治者垄断了冶矿、盐业、丝织、酿造、瓷器等多种行业的经营，并采取直接控制的方式官营对外贸易，还规定汉人不得参与海外贸易，由官府直接负责海上通商事宜。统治阶层将全体居民按职业划为军户、民户、站户、匠户、盐户、儒户、医户、乐户等等。职业一经划定，即不许更易，世代相承，并承担相应的赋役。如此一来，相当于当朝统治者自己挣钱自己花，虽然在宏观上起到了以国家力量兴办产业、统筹生产、拓展贸易的作用，但从根本上是愚民策略，忽视了社会矛盾、违背了发展规律，人为加剧了社会阶级对立。不可否认的是，元朝作为当时横跨亚欧大陆、征伐多个文明的族群，思想相对开放，对科学技术、新经济理念并不排斥，虽然鼓励商业活动是基于征敛赋税的目的，但客观上打破了中华传统文化中“重农抑商、重文贱商”的思想，在一定程度上启发了新商业、新经济、新技术的萌芽与进步。

纵观宋元两朝的手工业格局，呈现出官营与民营双层结构共同发展的态势。尤其是在宋朝阶段，民营群体的参与和壮大，体现出官府经济政策和市场环境的宽松，也说明了老百姓生存的压力有所缓解，市场粮食供给相对充裕，可以解放部分生产力参与商业运转。海上贸易盈余的增加，使当朝统治者适当减轻了对民间赋税的压力，百姓通过参与商业活动提高了生活质量，刺激了商品总量的生产，由此形成了以海上丝绸之路为抓手，稳固国内社会、政治、经济秩序的良性循环。

三、航海技术赋能海上丝绸之路

宋元两朝海上贸易的繁荣，离不开航海技术的支撑。宋元时期造船业已经非常发达，单官方造船厂就有两浙、福建、广南、江东、江西、湖北、湖南、四川、淮南、华北等地 45 处造船基地。根据不同航行环境和用途，将船分成了多桨船、铁壁铧嘴船、魛鱼船、八橹战船、四橹海鹘船、车船等几大类型。其中车船是北宋末年高宣创制，装备了最原始的螺旋桨，是近代明轮汽船的祖宗。宋代海船体型庞大，“舟如巨室，帆若垂天之云，柁长数丈，一舟数百人，中积一年粮，豢养酿酒其中”；船头尖小，有利于破浪前行；船身扁宽，能够在抗风海浪中保持稳定；船体构件依据功能与部位选择合适的木材，多条龙骨贯穿船身首位，保证了船体的稳固。根据“南海一号”沉船所得数据，便可得知宋船之雄伟，其全长 30.4 米，宽 9.8 米，船身（不算桅杆）高约 4 米，排水量估计可达 600

吨，载重近 800 吨。

宋时造船技术可谓遥遥领先于世界，由其造船业中“橹、壁、舵、轮、针、铳”六大发明便可见一斑。橹是继桨之后的推进装置，推进效率远高于桨，并可操纵转向；壁是指水密隔舱，最早出现在 3—5 世纪的晋代，18 世纪才传入欧洲；舵是转向装置，自汉代发明，宋代时可以控制大船方向，10 世纪左右传入阿拉伯，12 世纪传入欧洲，是造船史上的重要发明之一；轮是指轮船推进技术，即在船体两侧装置后可划水产生动力，发明于唐朝，成熟于宋代，可根据需要配置 8 轮、20 轮、24 轮、32 轮不等；针即指南针，朱彧在《萍州可谈》中描述：“舟师识地理，夜则观星，昼则观日，阴晦观指南针，或以十丈绳钩，取海底泥嗅之，便知所至。”南宋赵汝适《诸蕃志》云：“舟船来往，惟以指南针为则，昼夜守视惟谨，毫厘之差，生死系矣。”铳指的是舰载武器，有火铳、铜炮，发明于宋末元初，发展于元朝，是最早的舰载武器，可以有效对抗丝绸之路上的海盗劫匪。

丰富的航海知识为远洋贸易提供了支持。《萍州可谈》记载了宋人对季风与海洋气象的认识与利用：“舶船去以十一月，十二月，就北风，来以五月，六月，就南风。……海中不畏风涛，唯惧靠阁，谓之‘凑浅’，则不復可脱。船忽发漏，既不可入治，令鬼奴持刀絮自外补之，鬼奴善游，入水不瞑。……海中无雨，凡有雨则近山矣。”

而此时，西方还处在中世纪的“黑暗时代”。同期 12 世纪的欧洲，以造船业最为发达的热那亚为例，仅能造出两层甲板的二桅三帆的海船；1492 年哥伦布自里斯本出发时也不过是三艘载重 120 吨的三桅帆船，尚不及隋朝时期起楼五层、容 800 人的“五牙舰”。

四、市舶司与《市舶条法》

隋朝以前，习惯将对外商业活动称为“市舶”，取的是通过海上进行货物交易的意思，对内的海外进贡则称为“贡舶”，意思是通过海上而来的贡品，隋朝曾成立四方馆管理外藩进贡和对外赏赐事宜。唐朝海上丝绸之路逐渐繁盛，海外贸易开始占据中央财政收入的较大比例，唐高宗显庆六年（661 年）在广州设立“市舶使”，专司通过海路发生的贸易、进贡以及往来船舶的征税等事务，但仍然没有具备现代意义上的海关职能，更侧重于秩序管理。

宋朝期间，海上贸易为国家收入贡献了重要份额，宋太祖开宝四年（971 年）在广州设市舶司，宋太宗端拱二年（989 年）、宋真宗咸平二年（999 年）又分别设市舶司于杭州、明州（今浙江省宁波市），之后温州、泉州等地的市舶司也相继设立，在其他体量较小的港口则设立市舶务或市舶场，由政府直接委派直属官员，专职管理对外贸易。市舶司的主要职责是“掌蕃货海舶征榷贸易之事，以来远人、通远物”。具体职掌为：招徕蕃舶迎送外商；检查出港商船并颁发出港许可证；检查入港商船，对禁榷物品和其他蕃货抽解、博买、保管并解送；颁发舶货贩卖许可证。

当外国商船进港后，市舶司要对其货物进行核实清点，估算其价值，并根据当时税率规定征收或五分之一或十分之一或十五分之一不等的税费；除此之外，市舶司有权优先选择皇室或国家采购的外国商品。通过实施市舶司制度，当朝官府获取了大量贸易和税赋收入，成为国家财政的重要组成部分。通过不断的调整与改革，截至南宋时期，市舶司已经初步具备了海关职能。

太平兴国（976—984 年，北宋君主宋太宗赵光义）初年，宋朝设立“榷易院”专司贸易专卖职能，意思是对某些商品实行政府垄断。如在《宋会要辑稿》官四中记载："凡禁榷物八种：玳瑁、牙、犀、宾铁、皮、珊瑚、玛墙、乳香。放通行药物三十七种：……紫矿、胡芦芭、芦会草拔、益智子、海桐皮、缩砂、高良姜、草、桂心、苗没药、煎香、安息香、黄熟香、乌梯木、降真香、琥珀。后紫矿亦禁椎。"之所以禁榷是因为有的东西是宫廷专用的，比如乳香、珊瑚、玛瑙之类；还有一种禁止自由买卖的就是军事用品，有些铁器、皮革、龟壳、药品之类与战事有关的物品也是禁榷的。这些物品全部由政府收购，不允许民间自由贸易。在《互市舶法》中记载："建炎元年，诏：'市舶多以无用之物费国用，自今有博买笃耨香环、玛瑙、猫儿眼睛之类，皆置于法；惟宣赐臣僚象笏、犀带，选可者输送。'"由此可见，宋朝对海外贸易的管理已经比较成熟，制度与人员配置相对完善。

宋神宗元丰三年（1080 年）市舶改革中所推出的《市舶条法》是中国古代第一部独立的海外贸易法，其中详细规定了市舶司的职守和相关管理政策，这些政策包括：外贸船只必须在相应市舶司领取公凭才能出海，否则以违令论罪；回船船只必须回到原发舶地登记，抽解纳税；各市舶司负责管理本区域内相应的外国朝贡船舶、贡使及其活动，为减少成本，各国进贡物品一般不再运送京师，而就地变卖；对市舶领域内的违令、犯罪行为实施严厉打击，遇朝廷大赦也不减刑免刑。①

元灭宋后，市舶司制度得到继承，其职责拓展至缉私领域。市舶司根据国内舶商的申请，核发出海贸易凭证；对准许出海的船舶，查验有无夹带的金、银、武器、人口等违禁物品；船舶回港后，派人封存货物并将其监管入库，以防走私。同时，按品目，将货物区分抽税，在缴纳税款后，再将货物发还舶商自行出售。随着

① 陈忠海 . 宋朝的市舶司 [J]. 中国发展观察，2019（13）：63-64.

贸易量的持续扩大和税收的逐渐丰厚，宋朝市舶制度已经不能适应时代的发展要求。元至元三十年（1293 年），元世祖忽必烈在总结以往海外贸易管理经验的基础上，参考宋朝《市舶条法》制定颁布了《整治市舶四勾当》，又称《市舶则法》，全文录于《元典章·户部·市舶》篇内。这部法规主要是对市舶司的职责范围、舶商出海手续、检查办法、抽分抽税比例、禁止出口的货物种类、外船、外商来元的处置办法等做了详细的明文规定。《市舶则法》作为我国现存最早的古代海外贸易管理方面系统化的规章制度，在政府加强对海外贸易控制、增加财政收入上发挥了现代外贸法的作用。

五、海上丝绸之路的农作物交流

民以食为天。国家稳固、百姓安居莫不以果腹为第一要务，粮食问题历来是国之大事，农田之务关乎国本。受地理环境影响，我国古代粮食生产以“南稻北粟”为主要格局，大约四五千年前，小麦自西亚传入中国后，逐渐取代粟成为中国北方的主要粮食作物，“南稻北粟”也变成了“南稻北麦”，并一直持续至今。

宋朝之前，我国粮食作物均为一年一熟，粮食增产主要依靠拓荒增田、兴修水利、迭代农具等方式，抵御自然灾害、战争祸乱的能力较差，粮食产量整体难以满足人口增长，因此历代贤明君主多以减免农税作为养民之策。隋唐时期改进了粮食管理与存储方式，大力修建粮仓，在丰收之年储粮备荒，并利用漕运宏观调度国内粮食。但没从根本上解决种子抗旱、地产增加和种植周期长的问题。

北宋时期，随着海上丝绸之路的兴盛，宋朝对外交流程度进一步加深，原产于越南的“占城稻”被引入中国。《宋史·货物志·农田》中记载：“大中祥符四年（1011 年），帝以江、淮、两浙稍旱即水田不登，遣使就福建取占城稻三万斛，分给三路为种，择民田高仰者莳之，盖旱稻也。内出种法，命转运使揭榜示民。后又种于玉宸殿，帝与近臣同观；毕刈，又遣内侍持于朝堂示百官。稻比中国者穗长而无芒，粒差小，不择地而生。”

占城稻具有高产、早熟、耐旱的特点，最初被引入福建等地种植，可以与中国传统的晚稻或小麦实现双季轮种。随后从福建推广于江淮、两浙地区。自此之后，双季稻复种和稻麦轮作制在南方各地推广开，粮食产量大大增加，中国的粮食问题得到了极大缓解，人口数量也随之大幅增长。占城稻的引进和推广被称为“中国的第一次粮食革命”。

明末清初，恰逢“小冰期”气候影响中国，寒冷程度千年不遇，范围覆盖大部分地区，对北方的影响尤甚，原有生态系统遭受重大打击，旱灾、蝗灾、疫病频发。此时全球通路已然形成，各国的商品、物产相互往来交换，原产于美洲的玉米、马铃薯、番薯随之传入中国。这些作物普遍拥有耐旱且高产的特点，能在较恶劣的条件下生长，且不占用平原耕地，可以在山地、丘陵等复杂贫瘠的土地上种植，使可用耕地和粮食产量得到了极大的提高，人口数量从 1 亿急剧增长到 3 亿多，被称为“中国的第二次粮食革命”。

基于海上丝绸之路的联通，中国自汉朝伊始至清末，先后自国外引进了占城稻、胡萝卜、洋葱、南瓜、番薯、玉米、芒果、向日葵、番茄、花生、马铃薯、包菜等 10 多种农作物，极大丰富了中国人民的农业结构与饮食文化。在我国现有的农作物中，名称中带有“西”“胡”“番”的基本上是来自域外。此处略说明一点，原产于南美洲的烟草，于明朝期间传入我国，确切地说，烟草是在 16 世纪末通过菲律宾传入中国的。当时，西班牙人在菲律宾种植烟草，然后通过贸易将烟草带到了中国。烟草的引入对中国的社会经济和文化产生了深远的影响。

第四节　海上丝绸之路的高潮与沉寂

14 世纪的世界面临着前所未有的危险与机遇，蒙古帝国正在逐渐走向没落，欧洲、西亚、中亚、东亚，包括北非等多方势力均在酝酿着新的变数，国际局势即将迎来前所未有的变革。

蒙古帝国兴盛时期地跨亚欧大陆，陆上丝绸之路第一次也是唯一一次成为古代世界境内贸易线，来自东方的商品、科技与人文毫无阻碍地传入欧洲腹地。来自蒙古帝国的军事压力与战争苦难和基督教的腐朽压榨交织在一起，使得欧洲人民无法看到宗教所描绘的美好，反而在外族的商品与文化中了解到世界还有别样的精彩，质疑神文主义与探索人文主义的思潮开始酝酿。来自东方的印刷术降低了信息传播的成本，也打破了基督教对科学与文化的垄断，文艺复兴开始萌芽，西方人开始抬起头颅放眼世界。

此刻的亚洲东部，元朝已经被新兴的明朝所替代，并在恢复唐宋礼制的基础上再次焕发活力，在科学技术、文化艺术、经济规模、军事力量、人口规模、民族融合与对外交往等方面一度冠绝世界，尤其是航海活动达到了同时期人类历史的巅峰。若说 14 世纪中叶至 15 世纪中叶是中国的世纪则毫不夸张，但也是告别海洋的壮烈转折。明后期与清朝禁海、开海政策摇摆不定，西方海洋强国依靠武力控制了全球主要航线，并在全球建立了无数商业据点以及殖民地，古代中国的海上丝绸之路被西方的殖民之路所替代，维持了千年的和平与绚烂的海上丝绸之路就此沉寂。

一、明初的海洋政策

明朝建立初期，朱元璋即派使者出使邻国，意在告知周边明朝继承元统，各国纷纷遣使进贡以示臣服。但日本自大化革新后，自称为皇，拒不纳贡，并单方面宣布朝鲜为其藩属，与明朝平等。加之战乱频发，许多大名为求生计组织人员开始成规模的劫掠商船、袭扰中国沿海地区。《明史》记载："明初……惟日本叛服不常，故独限其期为十年，人数为二百，舟为二艘，以金叶勘合表文为验，以防诈伪慢轶。后市舶司暂罢，辄复严禁濒海居民及守备将产私通海外诸国。"朱元璋宣布海禁。

《明史·朱纨传》有载："初，明祖定制，片板不许入海。"多数学者将其解释为主动地"闭关"防御，或许可以从另外一个角度理解。日本狭小，所需用度皆赖中华商货，海禁之策旨在釜底抽薪，意欲围困日本使其屈服，但事实上倭患愈演愈烈。海禁之后，官方海上贸易仍然继续（以朝贡贸易为主），但民间海上贸易受到严重冲击，只能转为走私。没有国家力量的保护，走私船只极易受到海盗威胁，因此船主或与海盗联合走私或自己建设武装商船。由此也产生了中国历史上特殊的一个群体——海上武装商业力量。他们具有海盗、商人双重身份，却又与欧洲的官方海盗不同，这些亦商亦盗的海上武装力量，既要从事走私贸易，又要维持海上强权，还要躲避政府追杀，无奈之下只能占据岛屿、落户日本与倭寇合流。因此才造成明朝沿海倭患不息的现象。

与前朝相比，明朝海上丝绸之路虽然在地理维度上有所拓展，但其作用以明朝为主体来辨析更倾向于宣诸国威、往来朝贡的政治通道。作为客观存在的海上航线并没有因为其宗主国赋予的政治属性而凋敝，东南亚、南亚、西亚、东非等国家的贸易往来依然在延续，海上丝绸之路的经济功能并没有被削弱。海上丝绸之路依然在承担着当时世界主要商品的交流与文化互鉴。中国商品正在以另一种方法源源不断地向外输送，虽然走私具有一定的风险，但间接解放了出货量的限制与税收成本，沿海官员的庇护参与、民众的协作掩护、水师的懈怠配合，都为海上走私打开了缺口，这也为国内手工业的持续运转提供了稳定的市场需求。尽管走私活动存在风险，但它确实为明朝民间手工业产品提供了一个出口渠道，使得这些产品能够绕过正规的贸易限制和税收，流向国外的市场。这种情况在一定程度上刺激了中国的手工业生产，因为生产者知道他们的产品总是有市场的。同时，这也为明朝民间经济带来了一定的活力，因为走私活动的盛行使得大量的商品和财富得以流通。不可否认的是，政府税收的流失、缉私海防投入的增加都成为明朝不得不正视的困扰。

明初虽然闭关，但未锁国。常设市舶司专职国家海上贸易，同时兼负了解国际形势、强化睦邻友好事宜。《明史·卷八十一·志第五十七·食货五》云：“海外诸国入贡，许附载方物与中国贸易。因设市船司，置提举官以领之，所以通夷情，抑奸商，俾法禁有所施，因以消其衅隙也。”明初虽然实施了海禁，但仍开放了太仓、宁波、泉州、广州对外通商。宁波通日本，泉州通琉球，广州通占城、暹罗、西洋诸国。

二、永乐朝郑和下西洋

朱元璋死后传位其孙朱允炆，其子朱棣入京夺位称帝，年号永乐。朱棣素有雄才，国家在永乐年间承平安定，由官方组织实施的“郑和下西洋”成为世界航海史上极为耀眼一颗明珠。

《明史·卷三百四·列传第一百九十二·宦官一》记载："郑和，云南人，世所谓三保太监者也。初事燕王于落邸，从起兵有功。累握太监。成祖疑惠帝亡海外，欲踪迹之，且欲耀兵异域，示中国富强。"

"自永乐三年（1405 年）肇始，郑和受命和王景弘等通使西洋。将士卒二万七千八百余人，多资金币。造大舶，修四十四丈（148 米）、广十八丈者六十二。自苏州刘家河泛海至福建，复自福建五虎门扬帆，首达占域，以次遍历诸番国，宣天子诏，因给赐其君长，不服则以武慑之。和经事三朝，先后七奉使，所历占城、爪哇、真腊、旧港、遥罗、古里、满剌加、渤泥、苏门答剌、阿鲁、柯枝、大葛兰、小葛兰、西洋琐里、项里、加异勒、阿拔把丹、南巫里、甘把里、锡兰山、喃渤利、彭享、急兰丹、忽鲁读斯、比剌、溜山、孙剌、木骨都束、麻林、剌撒、祖法儿、沙里湾泥、竹步、榜葛剌、天方、黎伐、那孤儿，凡三十余国。"

郑和第一次出航可谓是规模浩大，共率各类舰船 62 艘，随行官员、医生、翻译、技工、水手、士兵等 27800 余人，所到之处舰队遮天盖日。宣德八年（1433 年），历时 28 年的郑和航海活动落下帷幕。

郑和下西洋虽耗费巨资，没有直接产生经济效益，但却起到了稳固国防、安抚边临、联通世界、传播文化的作用。

其一，夯实了海上丝绸之路的和平属性。丝绸之路自古以来不仅是中国对外贸易的窗口，更是兼具了文化交流传播、推动科技进步、树立中华形象的功能。郑和的航行壮举，更为海上丝路赋予了和平、发展、友谊、尊重的内涵。航行途中，郑和调停过族群争斗、剿灭过沿海盗匪，为海上丝绸之路沿途国家带去了珍贵的中华物产、智慧的中华思想、先进的农耕技术、发达的科学成就，本着

“厚往而薄来”理念开展外交，从未发生倚强凌弱、以大欺小的殖民行径，也未曾侵占过海外一寸领土。将历经千年的海上丝绸之路凝练成为一条和平之路、富裕之路、平等之路、友好之路。

其二，巩固了海上丝绸之路的外交属性。郑和下西洋任务中的重要一项便是向海外宣示朱棣继承大统为“正朔”，并耀兵异邦，示中国富强，以达到“帝王居中，抚驭万国”和“四夷慕圣德而率来”的局面。郑和每到一国便代天朝宣示圣谕以示友好，随即按例赏赐物品，外国国王或使者可以选择随船队航行，最终到达明朝首都觐见皇帝，史书中多有记载“诸国使者随和朝见”。同时也允许和支持各国之间依托明朝搭建的海上交流平台相互增进了解、消解误会。

其三，发展了海上丝绸之路的贸易属性。在郑和的船队中，设有专职贸易的官员，随船携带各地物产用于沿途交换，并与外国政府商榷贸易种类、抽解比率、博买类型等相关政策。随船物品多以丝绸、瓷器、茶叶、铁器、种子、农具等为主，坚持赏赐与平价或低价换购他国货物，坚持以大国风范自律，各种交易活动都是在友好、公平的氛围中进行的。

其四，突出了海上丝绸之路的文化属性。郑和七下西洋，随行人员数以几万人计，其中大量官员学者均有相当深厚的文学、艺术、宗教、哲学、科技、算术造诣。古代中国“文”是历科之基础，同行之人多在途中记录海外奇闻轶事、风俗典故、地理地貌、生产生活等信息，归国后整理成册供人参详，诞生了大量文献书籍。如：曾任郑和翻译官的马欢所撰写的《瀛涯胜览》，记述了占城、暹罗、满剌加、锡兰、古里、阿丹、忽鲁漠斯等 20 国的地理历史、制度、法律、工商贸易、物产和风土民情等内容。曾担任郑和“秘书”的巩珍撰写了《西洋番国志》。曾担任郑和翻译官的费信撰写的《星槎胜览》记述了西洋 40 余国的政治、经济、历史、地理及社会生活、风土人情。后世没有参与航海的文人学者根据前辈记载和民间传说，撰写了大量关于郑和的文献书籍。

与此同时，郑和船队还肩负着传播中华文化、教化番邦的职责，每到一处，便宣传释义中华经典和哲学思想，并赠送大量古典文献供其学习研究。航海数十载，国内外从未出现明朝强迫小国变更信仰、强植文化的记录，由此可见中国所到之处皆遵从相互尊重、互学互鉴的平等原则。

明成祖朱棣逝世后，仁宗继位，下西洋活动停滞了 10 年，直至宣宗朱瞻基执政期间，郑和促成第七次下西洋活动。

三、开海、禁海的政策之变

明朝国祚 276 年。自明朝开国皇帝朱元璋宣布海禁至隆庆帝开海历经 196 年，开海禁海之争从未停息。明太祖朱元璋分别在洪武四年（1371 年）、十四年（1381 年）、二十三年（1390 年）、二十七年（1394 年）、三十年（1397 年）颁布诏令，严禁华商出海贸易。

明惠帝在建文三年（1401 年）时颁布诏令禁止华商出海贸易，其诏令中指出，沿海的百姓出海贸易容易引诱蛮夷为盗，伤害良民。永乐元年（1403 年），明成祖在登基的第一年就昭告天下民间百姓不得私自出海，继续遵行洪武事例。之后，明成祖在永乐二年（1404 年）、永乐五年（1407 年）又再次下诏禁止民间百姓私自出海贸易。宣德年间，明朝中央政府分别在宣德八年（1433 年）颁布榜文，在宣德十年（1435 年）颁布敕令禁止百姓出海贸易，甚至禁止百姓出海打鱼，且明确指出百姓出海贸易容易引诱倭寇上岸伤害其他无辜百姓，威胁国家安全。正统十四年（1449 年），朱英宗下诏："旧例，濒海居民私通外夷，贸易番货，泄漏军情，及引海贼劫掠边地者，正犯极刑，家人戍边，知情故纵者罪同。"更为重要的是，诏令中明确指出，百姓出海贸易容易导致泄露军情，为倭寇传递情报，危害国家安全。景泰年间，明代宗在景泰三年（1452 年）下诏："命刑部出榜禁约福建沿海居民，勿得收贩中国货物，置造军器，驾海交通琉球国，招引为寇。"命令刑部颁布榜文禁止沿海百姓与琉球通商，更不得将货物和军器卖与琉球，招致倭寇。弘治年间，明孝宗在弘治六年（1493 年）下诏："又有贪利之徒治巨艦，出海与夷人交易，以私货为官物，沿途影射。今后商货下海者，请即以私通外国之罪罪之。都察院覆奏从之。"民间百姓出海贸易屡禁不止，商人过于贪利，重申禁止百姓出海贸易。嘉靖年间，禁止民间百姓出海贸易的法律在颁布的数量和刑罚方面都达到新的高度。嘉靖四年（1525 年），明朝中央政府颁布榜文："揽造违式海船私鬻番夷者，如私将应禁军器出境因而事泄律，各论罪。"禁止民间百姓私自制造船只出海贸易。嘉靖八年（1529 年）明朝中央政府榜文："势豪违禁大船，举报官拆毁，以杜后患。违者一体重治"将豪势所拥有的大船尽数拆毁，防止其私自出海贸易。嘉靖时期的《重修问刑条例》也有明确规定禁止民间百姓驾驶违禁大船出海贸易，与倭寇来往，"擅造违式大船，将带违禁货物，往番国买卖，潜通海贼，同谋结聚，及为向导，劫掠良民者，正犯极刑。海防武职，听受分利，私通番货，贻害地方，及引惹海寇，戕害居民者，除真犯死罪外，边卫永远"。虽然明朝政府一直在强调禁止百姓出海，但是很多百姓仍然违背法律出海贸易。宣德五年（1430 年）十二月丁亥，"初浙江临海县民告土豪一家父子叔侄同恶，下海通番及杀人等罪……"。正统三年（1438 年）十月，"福建按察司副使杨勋鞫龙溪县民私往琉球国贩货……"。正统九年（1444 年）二月，“广东潮州府民滨海者，纠诱傍郡亡赖五十五人私下海，通货爪哇国”。景泰三年，“兵部奏：福建漳州府贼首郑孔目等通番为寇敌，杀官军……”。嘉靖四年（1525 年）八月，“初浙江巡按御史潘仿言漳泉府黠滑军民私造双桅大舡下海……”。嘉靖十三年（1534 年），“初直隶、闽、浙诸群奸民往往冒禁入海，越境回见以规利民官，追赃至海上会奸民林昱等舟五十余艘，前后至松门海洋等处……”。嘉靖十五年（1536 年），“兵部覆御史白贲条陈备倭事宜……龙溪嵩屿等处地险民犷，素以航海通番为生，其间豪之家往往藏匿无赖，私造巨舟，接济器食，相依为利请下所司严行禁止……”。嘉靖二十六年（1547 年）三月，“朝鲜国王李峘遣人解送福建下海通番奸民三百四十一人，咨称福建人民，故无泛海至本国者，顷自李王乞等始以往日本市易，为风所漂，今又获冯淑等前后共千人以上皆夹带军器、货物……”。海禁难禁引起了举国上下的关注，官员内部既有主张继续严格执行海禁政策的，也有主张开海允许华商出海贸易的，而普通华商和华商集团则纷纷通过自己的行动反对明廷的海禁政策。最终经过长期的论争、博弈，明初的严厉海禁被突破，明政府实施有限的开海贸易，允许符合条件的华商到指定区域贸易。“（嘉靖）四十四年，奏设海澄县治，其明年隆庆改元，福建巡抚都御史涂泽民请开海禁，准贩东西二洋：盖东洋若吕宋、苏禄诸国，西洋若交址、占城、暹 罗诸国，皆我羁縻外臣，无侵叛，而特严禁贩倭奴者，比于通番接济之例。此商舶之大原也。先是发舶在南诏之梅岭，后以盗贼梗阻，改道海澄。”《明实录》中也有明确的记载：“许其告给文引，于东西诸番贸易，惟日本不许私赴。其商贩规则，勘报结保则由里邻，置引印簿则由道府，督查私通则责海防，抽税盘验则属之委官。”由此我们可以看出，通过申请文引，接受抽税盘验的方式则可以到除日本之外的东西二洋的国家或地区贸易。[①] 此后万历二十一年（1593 年）、天启二年（1622 年）、崇祯元年（1628 年）时期都因战争或倭寇原因有过短暂的禁海，后又开禁。围绕开海与禁海的争辩在朝堂与民间久久不息。

主张开海一派多为出身或就职于沿海地区官员，他们通晓海事，认为沿海倭患多由私商组成，国家税赋平白流失、防务成本无端扩增、沿海商者与朝廷貌合神离、多生怨怼，堵莫不如疏；主张禁海一派人数较多，认为如开海禁，一来妄改祖宗法度，动摇“匠户”制度、有损国本，如若商贾盛行，平民趋利必效仿从之，原本维持社会运转的基层劳作者多会选择加入行商环节，以达到避苦力趋厚利的目的，中央政权对国家的管理成本和风险难以操控；二来国家市舶专营获利颇丰，朝野以此为生、盈利者甚多，若私商分利，恐体系不稳，萌生事端；三来海外藩国皆赖中华特产，尤以丝绸、瓷器、茶叶、铁器制品、农具等为主，禁私商可稳固“朝贡体系”，解海禁则藩国贸易不受控制，小国趋利必优先私商，于朝廷则不利，事实也证明自隆庆元年（1567 年）开禁后，私商贸易兴盛，与明朝维护朝贡关系的仅剩安南、琉球、朝鲜等少数藩属国；四来海防本已牵制朝廷大量精力物力人力，北方蒙古遗族扰边不息，东北日本蠢蠢欲动屡犯朝鲜，南洋被“佛郎机”（明朝对葡萄牙、西班牙的称呼）相继蚕食，如果开禁，沿海防务恐捉襟见肘、疲惫不堪。

围绕着“开海与禁海”，各方观点激烈交锋、各抒己见，贯穿了明清两朝。因此导致两朝海洋政策左右摇摆，极端时期官方海上活动几近停滞。尤其是郑和下西洋结束后，两朝政权在封存或隐匿

① 刘承宾 . 明代隆庆以后华商出海贸易法律制度研究 [D]. 上海：上海财经大学，2020.

郑和航海相关资料方面形成了统一的默契。在后世人看来，这种自绝于海洋的做法实在是令人费解与唏嘘，本应在航海时代有所作为的中国就这样主动放弃了与世界博弈的机会，最终落得山河破裂、满目疮痍的地步。

随着学界对海上丝绸之路研究的深入，更为丰富、翔实和立体的史料进入大众视野，基于当时的国际环境、明清生产力与生产关系、国家安全、经济规律、航海科技等角度分析开海与禁海关系的成果更是不胜枚举，但总的特点是观察明清“禁海”这一历史时期的观点更加趋于客观与理性。当前主流观点习惯于将“禁海”调整为“限海”，通过对严肃历史文献典籍的考证，结合现代考古学成果推断，明代综合国力、经济规模、手工业体量、海洋贸易与海军建设均在长时期内达到了历史新高，甚至出现了后世所归结的“资本主义萌芽”现象，这与“片板不许入海”的严苛海禁政策，在逻辑与因果关系上存在着明显悖论。在《明史》《大明律》《明经世文编》《问刑条例》《东西洋考》《明神宗实录》等典籍文献中均有对民间海上贸易进行约束、管理、处罚的记载。由此可证，明清时期所谓的“禁海”政策并非一成不变，或者严苛僵化的，而是根据实际情况，在不推翻洪武祖训的前提下进行灵活掌握与适时调整的。

四、清朝海上丝绸之路

清朝国祚 296 年（1616—1912 年），经历了前所未有的世界格局洗牌，海洋一跃成为各国竞相角逐的场所与资源，全球海洋局势更为复杂。纵览波诡云谲的 17—20 世纪，清朝海上丝绸之路的命运可谓是跌宕起伏，曾经为历朝帝国吸纳天下财富的海上通衢，逐渐成为近代西方列强侵辱中华的来路。

（一）17 世纪的国际形势

如果用一个词来形容 17 世纪的世界，那么“剧变”应当是恰如其分了。在亚洲，明朝被清朝替代；荷兰崛起，东印度公司成立，“海上马车夫”开始在全球游弋；英格兰与苏格兰历史上第一次共主，民族意识初步崛起，资本主义正在酝酿改变世界的工业革命；西班牙凭借“无敌舰队”进入黄金时期，海上贸易航线不断被更新，环非洲沿海贸易据点逐渐增多，西方探险家、投机者、破落的贵族与流放的囚犯，搭乘着各国商船移居到世界各地；在古老中国的海上丝绸之路航线上，出现了越来越多的外国商船，西方的士兵逐步蚕食着海洋上裸露的岛屿，进而控制了连接东西方最繁忙的马六甲海峡，并一路北上直至日本。战争的需要改变了西方国家的军事制度，雇佣兵已经不再是作战的主要力量，国家职业化军队的建立与海上作战技法的成熟，帮助欧洲占领了远超本土的殖民领地，大量的奴隶、丰富的矿产、庞大的商品倾销市场有效地推动了欧洲工业化进程。丰厚的利润刺激着西方世界的神经，商人需要钱扩大资产，国家需要钱支持战争、扩张领土。贪婪、欲望、征服、扩张汇集到一艘艘战舰上，开启了世界近代 500 年的血腥之路。而此时的东方皇帝正在忙于平抚“内忧”，没有留意到西方列强已经对其形成了包围之势。

（二）清朝的涉海政策

清朝前期的海上交通在继承明帝国的基础上，新开辟了广州—北美、广州—大洋洲、广州—俄罗斯等新航线，基本形成了联通全球主要国家的海上交通格局，为进一步促进海上贸易提供了有利条件。但清朝统治者自始至终在思想深处未能将满族与其他民族一视同仁，造成了国内无法形成统一合力。客观上民间“反清复明、驱除外族”的力量始终存在，统治者的大部分精力被迫投入防范与消除反清势力、维护自身统治方面，因此决定了清朝的政策导向必是以“安内”为主动，以“攘外”为被动。由此便可以理解历朝皇帝频繁采取禁海、严控海关、屡禁私商，甚至下令沿海居民“弃海内迁”等在现代人看来极其荒谬的举动了。

后世经常以“闭关锁国”来概述清朝的经济政策。其中“闭关”一项主要指的是封闭海上贸易。近些年来，关于清朝政府“闭关”与“锁国”的研究热度逐渐上升，通过对数据与典籍的分析，学界对“闭关”与“锁国”有了新的观察视角，这为认识清代海上丝绸之路的客观状况提供了有益支撑。

经统计，自天命元年（1616 年）起至康熙二十三年（1684 年）正式取消海禁，清朝共发布至少 13 次禁海诏令，其中包括强迫沿海居民迁移内地，禁海并不是持续的，而是因时而异、因事而异的阶段性实施，禁海政策则根据时局状况宣布结束。据核算，清朝累计禁海时间大约 30 年。在此之外，海上贸易由朝廷官办，海关统筹管理，十三行具体实施，民间走私则屡禁不止。

清康熙二十二年（1683 年）台湾反清势力向清政府投降，二十三年正式解除海禁，康熙皇帝诏告天下曰：“今海内一统，寰宇宁谧，满汉人民相同一体，令出洋贸易，以彰富庶之治，得旨开海贸易。”遂“是时始开江、浙、闽、广海禁，于云山、宁波、漳州、澳门设四海关”；清康熙三十四年（1695 年）分设浙海关署于宁波、定海；同治三年（1864 年）设福建台南之打狗口海关。

道光二十二年（1842 年）秋，英人要求通商口岸，允于沿海广州、福州、厦门、宁波、上海五口开埠通商，二十四年（1844 年）允许法国在五口通商，二十五年（1845 年）允比利时通商，二十七年（1847 年）允瑞典、挪威通商。

咸丰四年（1854 年）设江海关于上海，五年（1855 年），允法商于潮州、琼州、台湾之淡水、登州、江宁通市，纳税输钞均同有约国；八年（1858 年），复定英约，牛庄、台湾、登州、潮州、琼州等口，均准开埠通商；九年（1859 年），设粤海关于广州，允俄人于上海、宁波、福州、厦门、广州、台湾、琼州七口通商；定美约亦如之，并允于潮州、台湾两口开市；十年（1860 年），设潮海关于汕头，允英人于汉口、九江通商；十一年（1861 年），设浙海关，并设闽海、镇江、九江三关，英、美二国于九江、汉口开埠，俄亦于汉口通商；又定德商约，其税约与英同。

同治元年（1862 年），设厦门关；二年（1863 年），设东海、台南、淡水三关，免英租界洋货釐金，并准添开宜昌、芜湖、温州、北海四口岸，其沿江之大通、安庆、湖口、武穴、陆溪口、沙市，均准英轮船暂时停泊，用民船上下货物。除洋货半税单照章查验外，土货只准上船，不准卸卖。又英商自置土货，非运出海口，不得援子口半税例。是年定丹麦及荷兰商约，输纳税钞如英例。三年（1864 年），设山海关于牛庄。定日斯巴尼亚税则，视咸丰八年各国例。九年（1870 年），设江汉关。

光绪三年（1877 年），设芜湖、宜昌、琼海、北海四关，又设瓯海关于温州；六年（1880 年），续定德商约：中国允除宜昌、芜湖、温州、北海前已添开岸并沿江之大通、安庆、湖口、武穴、陆溪口、沙市前已作为上下客货之处外，又允德船于吴淞口停泊；是年定美商约，税钞视各国例。十四年（1888 年），拱北关于澳门，九龙关于香港。自光绪二十二年（1896 年）裁撤台南、淡水、汉城各关外，为关二十七。

宣统三年（1911 年），续增南宁、梧州、三水、岳州、福海、吴淞、金陵、胶海、腾越、江门、安东、大东沟、大连、滨江、满洲里、绥芬河、瑷珲、三姓、珲春、延吉等，为关四十七。[①]

（三）清朝广州十三行

清初期的严苛控海政策与国内需求、国际形势产生了显著矛盾，供需关系与经济规律在清廷打击反清势力的国家战略中被边缘化，官商垄断高附加值贸易，国外商品交换受到限制，因此国内走私现象盛行。

明末海关仅存广州一处，《明史·卷七十五·志第五十一·官职四》记载："洪武三年，罢太仓、黄演市舶司。七年，罢福建之泉州、浙江之明州、广东之广州三市舶司。永乐元年复置，设官如洪武初制，寻命内臣提督之。嘉靖元年，给事中夏言奏倭祸起于市舶，遂革福建、浙江二市舶司，惟存广东市舶司。"此后明史中再无增设、复设记载。与此同时，在市舶制度下衍生出的"牙行"依旧传袭下来，为清朝成立"十三行"奠定了人员与制度基础。

康熙年间虽设立"四海关"以接续市舶制度，但乾隆二十年（1775 年）"洪仁辉事件"的发生，推动了清朝由"多口贸易"转向仅留广州"一口贸易"。洪任辉到天津告御状的同年，两广总督李侍尧就上奏乾隆帝，提出《防范外夷规条》，要求限制外商在华相关权益，如规定在华逗留时间、接受清廷约束与监管等等。此后以英国为代表的外商对华贸易多受掣肘，逐渐发展成为诱发鸦片战争的原因之一，而此规定直到 1842 年签订《南京条约》后才被废止。

为持续开展对外贸易，清廷授权广州"十三行"特许经营专司外贸，令其成为具有半官半商性质的对外贸易垄断组织，也是清朝唯一保留的海上丝绸之路。所有与清朝开展贸易的亚洲、欧洲、美

① 赵尔巽 . 清史稿 [M]. 长春：吉林人民出版社，1995.

洲国家，都与十三行有着千丝万缕的联系，他们不仅聚拢财富、为朝廷缴纳巨额税银，还在美洲、欧洲、东南亚开设公司，购置房产，大量闽粤商人受其影响远赴海外，造就了中国近代史上最富有的商业阶层。其中商人伍秉鉴一度成为19世纪的首富，参股多家跨国公司，在欧洲和美洲具有相当广泛的影响力。

十三行是清廷官方授权的对外贸易渠道，并非固定的十三家商行，其数量与主家时有变更，最高时多达400多家，最低时也只有一掌之数。但他们在近80多年的行商生涯中，不仅为清廷贡献了大量税赋，还在东西方文化交流、转移国内商品生产、稳定经济结构、扩大华商影响力、海外投资，甚至在鸦片战争后的资产保留、支援国家建设、扶持革命力量等方面作出了突出贡献。诚然，商业垄断一定会滋生腐败、控制价格、与民争利、扰乱商业等毒瘤，因此对诞生于特殊历史时期的十三行的功过评价应保持客观与辩证的态度。

鸦片战争是中国人民走向苦难的转折点，是烙刻在中华民族灵魂深处的伤疤，也是辉煌的古代海上丝绸之路落下帷幕的标志。自此以后，曾经为世界带去和平、富裕、繁荣、哲思的文明航道，被西方殖民者的炮舰所覆盖。伟大的东方文明被沿着海上丝绸之路而来的强盗摧残和蹂躏，勤劳、质朴的中华民族被野蛮的殖民者欺压、掠夺。沿海港口几乎全部成为帝国主义的军事基地，国家的宝藏、矿产、资源被无情掠夺，伟大的建筑、悠久的文化被炮火与屠刀摧毁，中华民族自此经历了长达100年的苦难岁月。

中国海上丝绸之路历经2000多年，有探索，有发展、有鼎盛，有沉寂、有复兴，但从未中断，贯穿了中华文明历史的全过程，是中国为世界搭建的时间维度最长、空间维度最广、思想维度最深刻、实践维度最繁荣的耀眼舞台。它联通了亚非欧大陆之间的广袤海洋，开创性地构建起跨洲际的海上交通网络，助力了不同地域、不同国家、不同文明之间的相互了解、相互交流、相互包容、相互尊重，促进了世界科学、文化、商品、物种之间的学习与交换，推动了沿岸族群、部落、城邦、国家的生产进步与社会变革，树立了古代中国向往和平、热爱生活、追求美好、崇尚自由的真实形象。古代海上丝绸之路是中华文明宝贵的历史遗产，也是当代中国续写辉煌、实现民族伟大复兴的不竭之源。

第十章　21 世纪海上丝绸之路

2013 年 9 月 7 日和 10 月 3 日，习近平总书记在访问哈萨克斯坦、印度尼西亚期间先后提出共同建设“丝绸之路经济带”与“21 世纪海上丝绸之路”两大倡议，简称“一带一路”。倡议得到国际社会的高度关注与沿线国家的积极响应，成为面对当前单边主义与保护主义逆流回潮，霸权主义、强权政治威胁世界和平与发展，国际形势交织变乱、世界经济复苏缓慢等问题的中国方案，是中国在 21 世纪为世界提供的最具价值、最大规模、最受欢迎的国际公共产品。

第一节　“一带一路”的内涵

“一带一路”全称丝绸之路经济带和 21 世纪海上丝绸之路（英文全称为“the Silk Road Economic Belt and the 21st-Century Maritime Silk Road”，“一带一路”简称译为“the Belt and Road”，英文缩写用“B & R”），是中国政府于 2013 年倡议并主导的跨国经济带，范围涵盖中国历史上丝绸之路和海上丝绸之路行经的东亚、中亚、北亚、西亚、印度洋沿岸、地中海沿岸、南美洲、大西洋地区的国家。

“一带一路”倡议是中国中央政府统揽国内、国外两个大局，基于国家主权安全和经济发展利益需要，在周边和国际环境趋于复杂的背景下，提出的一个重大的地缘政治和地缘经济战略构想。“一带”指的是丝绸之路经济带。在国内贯穿西藏、新疆、云南、重庆、广西、甘肃、宁夏、陕西、青海、内蒙古、辽宁、吉林、黑龙江 13 个省（自治区、直辖市），辐射东南亚、东北亚、欧洲等地区。

“一路”指的是 21 世纪海上丝绸之路。在地理角度指的是以中国沿海港口为出发点，向南经印度洋通达欧洲。这条线路基本上覆盖了东南亚、南亚、波斯湾、红海湾以及澳大利亚和新西兰等 30 多个国家和地区。在国家战略角度指的是依托中国沿海城市与港口，通过实现与沿线国家在基础设施、人文交流、经济互补等方面的互联互通，打造政治互信、文化包容、经济融合的利益共同体和命运共同体。2017 年发布的《“一带一路”建设海上合作设想》绘制了建设三条蓝色走廊的图景：中国—印度洋—非洲—地中海蓝色经济通道，中国—大洋洲—南太平洋蓝色经济通道，中国—北冰洋—欧洲蓝色经济通道。海上丝绸之路将成为世界沿海国家合作共赢、文化互鉴、民心相通的重要通路。

21 世纪海上丝绸之路建设的基本路径是：以国际经贸合作为核心，以海上运输通道和基础设施建设为骨架，以沿线的重点港口、中心城市、资源区块、产业园区为支撑体系，以互联互通和贸易投资便利化为手段，以利益共同体和命运共同体为战略方向，推动以南海和战略通道为主的海上合作和共同开发，实现海上的联通便利化，同时推动丝路经济融合，形成开放式国际经济合作带，打造具有强大产业聚集效能的经济走廊，以利益交融、互利共赢的一体化伙伴关系，重构丝路经贸合作新格局，参与和引领全球经济治理，拓展国际合作发展新空间。①

当前，全球共有 197 个国家，包括联合国会员国 193 个、联合国观察员国 2 个（巴勒斯坦、梵蒂冈）、非联合国会员国 2 个（纽埃、库克群岛）。截至 2023 年 6 月，中国已与 152 个国家签署了共建“一带一路”合作文件。加入“一带一路”的国家数量占全球国家数量的 77%，加入“一带一路”的国家面积占 197 个国家总面积的 65%，加入“一带一路”的国家的人口数量占全球人口总量的 65%。

从地理区域来看，亚非拉国家大都加入了“一带一路”。亚洲共有 48 个国家，41 个国家与中国签署了“一带一路”合作文件，印度、不丹、以色列、日本、约旦、朝鲜等 6 个国家没有签署。欧洲共有 44 个国家，26 个国家与中国签署了“一带一路”合作文件，英国、法国、德国、丹麦、芬兰、冰岛、挪威、瑞典等 18 个国家没有签署。非洲共有 54 个国家，52 个国家与中国签署了“一带一路”合作文件，毛里求斯和斯威士兰没有签署。大洋洲共有 16 个国家，11 个国家与中国签署了“一带一路”合作文件，澳大利亚、马绍尔群岛、瑙鲁、帕劳、图瓦卢等 5 个国家没有签署。北美洲共有 23 个国家，13 个国家与中国签署了“一带一路”合作文件，美国、加拿大等 10 个国家没有签署。南美洲共有 12 个国家，9 个国家与中国签署了“一带一路”合作文件，巴西、哥伦比亚、巴拉圭等 3 个国家没有签署。

从国民收入来看，“一带一路”沿线国家中，高收入国家 34 个，占全部 61 个高收入国家的 56%；中等收入国家 89 个，占全

---

① 贾益民，许培源 . 21 世纪海上丝绸之路研究报告（2017）[M]. 北京：社会科学文献出版社，2017.

部107个中等收入国家的83%；低收入国家26个，占全部28个低收入国家的93%。

第二节　海上丝绸之路的背景与挑战

在现有世界格局中，将近150个国家或地区濒临海洋，或为临海国，或为岛国，其中亚洲36个、欧洲28个、美洲33个、大洋洲12个，非洲则以40个临海国家居于首位，其生产生活均与海洋息息相关。随着全球化和区域经济一体化的快速推进，海洋在商品交换、资源互补、产能转移、经济流通、文化交融、人员往来方面所承载的效能越发突出。以海洋科技创新、装备制造、能源开发、市场融合、空间拓展等领域为载体的经济业态，呈现出了强大的生命力与活力，发展蓝色经济逐步成为国际共识，古老的海洋再次承担起了繁荣地球生态的重任。

然而，奉行“霸权主义”“零和博弈”的个别国家始终不能摒弃冷战思维，不承认人类文明的多样性，不尊重弱小国家的国际地位，试图恢复二战前通过海洋霸权殖民世界的旧有秩序。于是他们垄断全球航线、霸占海洋资源，制定只符合自己利益的行为准则，剥夺弱小国家合法拥有、使用海洋资源的权利，从根本上遏制了发展中国家依托海洋开展国际合作、发展本国经济、相互扶持、互通有无的良好愿望。

中国作为海洋大国，自古以来便通过海洋活动发挥着维护地区和平、繁荣区域经济、稳定周边局势、丰富文明形态的积极作用。面对当前波诡云谲的国际局势和逆全球化浪潮的消极影响，中国契合本国与世界临海国家共同需求，以构建人类命运共同体为理念，着力推动共商共建共享的全球治理新路径。自 2013 年 21 世纪海上丝绸之路倡议提出至今，全球蓝色合作焕发出了勃勃生机，为爱好和平、谋求发展的众多国家提供了值得信赖的合作平台。

一、21 世纪海上丝绸之路的背景

（一）国际形势背景

进入 21 世纪以来，国际形势风云变幻。由于西方发达国家实体经济空心化导致的通货膨胀频频引发经济危机，地缘矛盾、极端主义、局部战争所造成的贫穷、饥饿等人道主义危机越发严重，发展中国家面临的风险与挑战急剧增加，二战以来形成的“和平与发展”的人类共识遭受严峻考验。

随着全球化与区域一体化的深入推进，国与国之间、地区与地区之间的依存关系越发紧密，“地球村”的概念更加趋于现实化。闭关锁国、单打独斗已然不能适应当今社会的发展与需要，互通有无方可实现资源配置的最优化，合作互惠才能共同抵御风险与挑战。

当今世界，各施所长、各取所需、相互协助、共同发展已经成为客观事实。全球资本、技术、信息、人员跨国流动，国与国之间基于利益合集相互依存，国际财富与权力分配未必像过去那样只有通过战争才能实现，霸权主义生存空间日益被压缩，多边主义与国际合作成为维持国际秩序的主流，文明多元化、经济全球化、政治多极化的趋势不可逆转。同时，人口增加、资源短缺、气候变化、环境污染、疾病流行、失业率增长、极端主义威胁、海盗猖獗、跨国犯罪等问题对人类生存和国际秩序构成了严峻挑战。任何地区的动荡或战争，其影响都会以不同形式波及世界各国，蝴蝶效应越发凸显。

解决系统性问题必须要有系统性方案。中国国家主席习近平站在历史的高度和全人类发展的角度，创造性地提出了“人类命运共同体”概念，旨在以各国人民最关切的生存权、发展权为纽带，以经济繁荣为目标，以协作共赢为基本原则，构建由不同民族、不同信仰、不同地区、不同国度共同参与的人类社会新形态。最终形成你中有我、我中有你的人类命运共同体，从根本上改变以武力解决争端、以战争规范秩序、以军事决定霸权的传统发展思维。

（二）海洋经济潜力背景

随着地球人口不断增长，生活品质不断提升，人类对资源的需求越发旺盛。农副产品种类与总量供给不足、化石能源可持续性堪忧、稀有金属供需矛盾突出、人类扩展活动空间欲望强烈、传统陆地工业发展模式后劲不足、人工智能深入推进引发传统就业岗位递减等问题直接威胁着世界和平与发展。

面对全球经济乏力的态势，亟须探索经济增长新引擎，以满足人类发展需要。海洋约占地球总面积的 71%，是渔业资源、矿产资源的富集区，也是地球上最大的生态系统和运输通道，更是支撑人类可持续发展的战略空间。以海洋为主体的科学研究、成果转化、产品开发、设备制造，在稀有资源补充、生存空间拓展、科学技术应用、商品制造交换、就业岗位供给等诸多领域释放出了巨大潜力，发展海洋经济已经成为国际共识。

向海谋生、向海图强是实现中华民族伟大复兴的必由之路，更是保障国家总体安全、促进经济社会发展的题中之义。在能源结构方面，人口增长与生活质量的提高必然会增加对能源的需求。在传统能源领域，我国是石油、天然气、煤炭、工业金属的消费大国，这些传统能源虽然在已探明的绝对储量中总量不低，但人均水平不高，因此需要大量向国外进口。海洋中蕴藏着丰富的矿产资源，比如石油、天然气、煤炭、滨海矿砂、多金属结核以及热液硫化物等。我国拥有 470 万平方千米的海洋国土，以中国南海为例，仅油气资源总量就达 460 亿吨油当量，约占全国油气资源总量的三分之一，其中深水区油气资源总量约占南海油气总资源的 70%，天然气水合物 64 万亿立方米左右。除此之外，南海诸岛上天然磷矿储量巨大、滨海矿砂分布广泛，多金属结核几乎用之不竭。另外，海水淡化、海上发电、海水提锂等绿色能源更是给人以无穷的想象与实践空间，充分缓解了我国在资源短板方面的顾虑。

在海洋制造业方面，海洋航运业在可以预见的未来仍然是世界物流领域的主力军。中国船舶工业行业协会数据显示，我国在 2023 年造船完工数量占全球的 50.1%，新增订单数量占全球的 65.9%，手持订单数量占据全球的 53.4%，三项指标排名均为世界第一；中国船舶产品几乎覆盖市场上全部类型，在国际中市场份额超 40%，行业全年营收 5000 亿元，尤其是在大型远洋船舶建造领域已经成为领跑者，占据了全球船舶制造业的半壁江山。值得注意的是，中国在传播绿色动力使用方面也已进入世界领先水平，除了以天然气、甲醇等清洁能源替代化石能源外，在液氨、液氢、液态二氧化碳等动力源技术研发方面也走到了世界前列。另外，我国在海上大型油气装备、海底勘测装备、水下作业载具、海洋牧场建设等海洋工程领域逐渐缩短了与发达国家的距离，在一些领域甚至达到世界先进水平。这些项目的投入与推进，不仅为我国海洋科学和经济领域作出了巨大贡献，而且也创造了更为广阔的就业前景。

中国既是陆地大国，也是海洋大国，随着中国式现代化不断推进，海洋经济在国家 GDP 总量中占比越来越高，2022 年海洋产业生产总值达到 94628 亿元，涉及矿业、化工、装备、电力等 15 个产业，预计到 2030 年，涉海产业将为 4000 多万人提供就业。21 世纪海上丝绸之路作为中国海洋经济的效能扩大器，将在维护我国国防安全、保障海洋权益、保护海洋资源、增进人民福祉等方面承担重要使命。

（三）地缘战略背景

地缘环境是一个国家或民族不能回避、难以跳脱并赖以生存的地理空间，对任何国家的生存和发展都发挥着至关重要的作用。邻邦之间必然会发生主动或被动的联系，无论是自然资源共享、经贸往来、文化交流，抑或是政治互信、军事布局，都将深刻影响双边或多边关系。

中国拥有 960 多万平方千米陆地疆域、470 多万平方千米海域面积和 14 亿人口，是亚洲领土面积最大的统一主权国家，是世界第二大经济体，如此体量的世界大国不与世界发生联系是不可能的，不与周边邻国打交道也是不实际的。然而，国家之间、民族之间、地区之间、政府之间的现实矛盾也是不能回避的，只有妥善处理国际关系、有效管控边境分歧才能确保自身的经济繁荣与国家稳定。

2020 年以来，世界经济下滑引发的地缘冲突空前激烈，全球政治格局进入深刻调整阶段，中国地缘安全面临巨大挑战。比如：美国在印太地区大力推行“印太战略”全面围堵中国，佩洛西窜访我国台湾、美国频繁对台军售并掏空“一中”原则，怂恿日本、菲律宾在海上“碰瓷”中国，发动科技战遏制中国半导体技术发展，以政治压力胁迫外资撤离中国，挑动中印边境冲突，搅乱中东局势阻碍中国油气资源进口，支持极端主义、恐怖主义、邪教组织通过互联网和边境向我国渗透，以军事和经济霸权威胁弱小国家抵制“一带一路”倡议等。其目的是通过各种手段在我国周边制造摩擦，利用地缘动乱遏制中国发展，以缓解其全球霸权逐渐削弱的趋势。

历史证明，战争不能从根本上解决分歧，只有将大家共同的诉求统一起来，形成利益共同体，才能够最大限度上平抑争端、消弭战争。21 世纪海上丝绸之路是我国推动全球治理变革和建设的重要载体。沿线国家处于亚欧非三大板块的边缘地带，是陆权国家与海权国家的权力交汇地带，既囊括了东南亚、中东、北非等重要区域，也囊括了新加坡、巴基斯坦、缅甸、埃及等地缘区位优势显著的国家。独特的地缘区位使得 21 世纪海上丝绸之路沿线不仅有着斯皮克曼眼中海权国家进入“心脏地区”的战略通道，也有着布热津斯基眼中影响大国博弈的地缘政治支轴国家，极具地缘战略价值。①

宏观上，传统海洋强国对国际海洋权益的垄断态势虽已逐渐削弱，但其历史惯性与强权影响依然存在，这与绝大多数发展中国家的实际需求产生了不可回避的冲突与矛盾，呼吁以公平、法治、尊重为基础共享海洋资源的呼声越发高涨。

中国政府始终秉持和践行多边主义，尊重和维护基于国际法的国际秩序，坚持以谈判协商解决争端、以开发合作减缓争议、以规则机制管控争议为遵循，以开放共享、互相尊重、共商共治、合作共赢为原则，积极推动“21 世纪海上丝绸之路”项目，一方面有利于加快我国同沿线国家的经贸联系，形成目标一致、利益一致的经济共同体，进而促进彼此之间的政策沟通、设施联通、贸易畅通、资金融通和民心相通，为我国地缘安全谋求最广泛的战略空

① 曹开臣，胡伟，葛岳静，等．“21 世纪海上丝绸之路”沿线地缘环境及其对中国的影响 [J]. 世界地理研究，2023，32（6）：39-50.

间；另一方面对推动世界经济复苏、整合国际产业链条、优化全球资源配置、调和国际地区矛盾、实现人类共同富裕具有积极作用。

二、面临的挑战

21 世纪海上丝绸之路的构建与实施是一项极其复杂的工程。国内经济发展“提质降速”，全球产业结构处于升级优化调整期，东部沿海与西部内陆处于再平衡关键时期，环保与就业压力凸显，高增长时期所忽视的问题相继暴露，中国作为 21 世纪海上丝绸之路的发起国与主导国，客观上面临着资金分配、政策协调和权益平衡等种种困难。

在国际环境上，一是美国联合印度、沙特阿拉伯、欧盟在二十国集团（G20）峰会上提出“印欧经济走廊”设想，对冲“一带一路”倡议；高调重返亚太，加紧布局印太战略，相继推动印太经济框架（IPEF）、美日印澳“四边机制”（QUAD）、美英澳三边安全伙伴关系（AUKUS）等一系列小圈子，强化美日、美韩、美菲、美澳军事合作，强调美国与东盟的伙伴关系，设置所谓的三大岛链，在日本、韩国、菲律宾、关岛等地部署军事打击力量，意图封锁中国出海通道；联合印度控制马六甲海峡，遏制中国油气资源进出口通路；在钓鱼岛、黄岩岛、南海、台湾等问题上大做文章，并以此拉拢盟友，凝聚“敌视中国、对抗中国、防范中国”的共识，严重冲击了亚太利益共同体的构建。二是沿线国家政治局势复杂，主权问题、领土问题、民族问题、宗教问题、经济问题、环境问题、资源问题、历史遗留问题等因素交织混杂，短时间内难以搁置争议、形成共识。三是沿线国家经济水平参差不齐，产业结构重叠、单一，工业水平不甚发达，尤其是在港口建设、基础设施、科技创新等方面需要大量资金支持。四是亚太地区经济（政治）合作组织鱼龙混杂，其政策导向、执行标准相互冲突，组织结构松散、制度执行力欠缺，利益诉求整合难度较大。

虽然中国与21世纪海上丝绸之路沿线国家因国情不同，各自存在这样或那样的问题，相互之间有着相对复杂的权益纠缠，但总的来看，追求国家主权独立、领土完整，谋求政治稳定、人民富裕，渴望国际尊重、和平发展的意愿是高度统一的，构建公平有序的政治、经济环境符合绝大多数国家的核心利益。21世纪海上丝绸之路是中国贡献给世界最具合作精神、最具投资价值、最具公平正义、最具和平内涵的公共产品，对促进中国与周边国家交流、稳定地区局势、搁置争议缓解矛盾、巩固多边机制、维护世界和平具有重大意义。

第三节　海上丝绸之路的合作重点与举措

《“一带一路”建设海上合作设想》提出，21世纪海上丝绸之路将围绕构建互利共赢的蓝色伙伴关系，创新合作模式，搭建合作平台，与沿线国家共同制定若干行动计划，共走绿色发展之路，共创依海繁荣之路，共筑安全保障之路，共建智慧创新之路，共谋合作治理之路。

共走绿色发展之路。中国政府倡议海上丝绸之路沿线国家共同维护海洋健康和生态安全，加强海洋生态系统的保护、修复、监测与评价机制；推动建立海洋污染防治与应急协作，建立中国与东盟海洋环境保护合作机制；为沿线岛屿国家在气候变化引起的海洋灾害、海平面上升、生态系统退化等方面提供技术支持和援助；推动沿线国家加强蓝碳项目合作，建立符合各国利益的合作机制。

共创依海繁荣之路。人民富裕、国家富强是各国人民最朴素也是最终极的追求。依托海上丝绸之路，发挥沿线国家的自身优势，加强海洋资源开发协作，联合开展资源调查，协助相关国家编制规划、提供技术援助，引导企业有序参与海洋资源开发相关项目；提高中国企业参与沿线国家渔业养殖、旅游开发等项目建设，丰富沿线国家经济业态，增加当地人民实际收入；加强与相关国家在港口建设、海底光缆项目、海上执法、国际运输等方面的合作交流；积极参与北极资源的开发利用，在北极气候与环境变化、北极航道商业化、极地科学研究、清洁能源开发等方面发挥中国作用。

共筑安全保障之路。海洋安全是国家主权与经济发展的重要保障，其领域包括但不限于海防安全、海上航行安全、海上作业安全、海洋防灾减灾等内容。中国政府倡导互利共赢的海洋共同安全观，发起 21 世纪海上丝绸之路海洋公共服务共建共享计划，在海洋观测、海洋环境综合调查等方面为沿线有需要的国家提供技术和设备援助，以中国北斗卫星导航和遥感卫星系统为技术支撑，为相关国家提供定位和遥感信息服务；同时加强与沿线国家在打击海上犯罪、提高海上应急救援能力、海上联合执法等方面的信息交流、技术合作，通过协商与实践建立多边框架下的海上执法共识；与海洋灾害重点区域共建预警系统、共同研发海洋灾害预警产品、共同建立防灾、减灾、救灾合作机制，为沿线国家的人民生活、海上生产提供安全保障与服务。

共建智慧创新之路。创新是社会发展的动力，科技是社会进步的基石。加强与深化沿线国家在海洋科学教育、知识技能培训、多元文化交融等领域的合作，是实现 21 世纪海上丝绸之路美好图景的有效路径。重点加强沿线国家在海洋技术标准对接、技术转让、科研成果转化、实用性技术应用等领域的合作，使沿线国家人民切实感受到科技合作带来的生活品质改善；共建海洋科研基础设施与资源互联共享平台，推动多领域、多学科、多产业智慧海洋应用平台与网络建设，实现海洋大数据增容共享；开展海洋教育与文化交流，扩大沿线国家来华留学、培训、研修的规模，支持沿线国家滨海城市与中国沿海城市缔结友好关系，鼓励多国联合举办以海洋文化、海洋信仰、海洋艺术、海洋遗存为主题的文化年、艺术节、学术交流；强化沿线国家新闻媒体、民间自媒体之间的互访活动，增进沿线国家之间相互了解，多渠道展示各国风俗人情、特色物产、喜好禁忌，营造民心相通、民意互通，互相理解、互相尊重的人文氛围。

共谋合作治理之路。紧密互信的伙伴关系是推动海上合作的有益途径。加强沿线国家对话磋商、深化共识、增进政治互信，建立多边合作与协商机制，是共同利用海洋、开发海洋、保护海洋的根本保障，也是21世纪海上丝绸之路的深切愿景。通过海上丝绸之路平台，与沿线国家建立高层次、多渠道的对话机制，推动政府间、部门间的涉海合作，以海洋经济发展、海洋空间使用为纽带，在海洋资源开发、海洋政治协商、海洋分歧管控等领域探索和建立多边合作机制与制度规则，通过推动沿线国家智库交流对话与民间组织合作，为增进理解、凝聚共识发挥积极作用。

2023年10月18日，第三届“一带一路”国际合作高峰论坛海洋合作专题论坛在北京举行，会上发布了“21世纪海上丝绸之路”倡议，提出10年以来的蓝色合作清单以及《“一带一路”蓝色合作倡议》。10年来，中国与50多个国家和国际组织签署了各层级的海洋领域合作协议，建立了蓝色伙伴关系，与太平洋岛屿国家、印度洋地区重点海洋国家、欧洲、东盟、非洲等已经在海洋合作上取得了一系列丰硕成果。

自公元前 2 世纪伊始，中华民族便开辟了由中国东南沿海通往世界各地的海上丝绸之路，一度发展为连接古代世界的黄金路线，中国的丝绸、瓷器、铁器、茶叶等货物，与文学艺术、哲学思想、科学技术等中华文化相继走向全球，为人类贡献了宝贵的东方智慧与力量。以郑和为代表的中国航海家们，率领着庞大的舰队踏访诸国、通商交流，从未侵略他国一寸土地，也未戕害别族生灵，开创了和平贸易的大国外交模式，在世界航海史上留下了浓墨重彩的印记。古海上丝绸之路也记录了中国曾经面向世界、经略海洋的光荣与梦想。1840 年，鸦片战争开启，帝国主义驾驶坚船利炮，沿着这条和平之路发动侵华战争，践踏中国主权、侵占中国领土、蹂躏中华子民、掠夺中华财宝，以致中国山河破碎、生灵涂炭，中华文明跌进历史深渊。

中华儿女经过 150 多年的浴血奋战，终于在中国共产党的领导下建立了新中国，经过 70 多年的艰苦奋斗，从一穷二白的落后农业国发展为如今的世界第二大经济体，14 亿人民正在齐心协力向着中华民族伟大复兴的中国梦前行。党的十八大作出了建设海洋强国的重大战略部署，党的十九大提出“坚持陆海统筹，加快建设海洋强国”。这是顺应我国发展趋势和世界发展潮流、实现中华民族伟大复兴中国梦的必然选择。

海上丝绸之路见证了中华民族几千年的辉煌与苦难，也见证了中华民族的崛起与腾飞。21 世纪海上丝绸之路是中国建设经济贸易强国的重要战略，更是实现中华民族伟大复兴的海上大通道。